U0948006

李泽厚研究 第1辑

赵士林　高　明◎主编

中国财富出版社

图书在版编目（CIP）数据

李泽厚研究．第1辑/赵士林，高明主编．—北京：中国财富出版社，2014.5

ISBN 978－7－5047－5181－2

Ⅰ．①李… Ⅱ．①赵… ②高… Ⅲ．①李泽厚—美学思想—研究—丛刊 Ⅳ．①B83－092－55

中国版本图书馆CIP数据核字（2014）第070373号

策划编辑 初景波 宋 宇　　**责任印制** 方朋远
责任编辑 康书民 宋 宇　　**责任校对** 饶莉莉

出版发行	中国财富出版社		
社　　址	北京市丰台区南四环西路188号五区20楼	**邮政编码**	100070
电　　话	010－52227568（发行部）		010－52227588转307（总编室）
	010－68589540（读者服务部）		010－52227588转305（质检部）
网　　址	http：//www. cfpress. com. cn		
经　　销	新华书店		
印　　刷	北京京都六环印刷厂		
书　　号	ISBN 978－7－5047－5181－2/B·0389		
开　　本	710mm×1000mm　1/16	**版　　次**	2014年5月第1版
印　　张	15.5	**印　　次**	2014年5月第1次印刷
字　　数	238千字	**定　　价**	36.00元

序

李泽厚的思想学术贡献已成为跨世纪中国思想学术文化史的丰碑，在当代中国，还找不到一位学者，在哲学、思想史、美学领域均作出创立范式的贡献。从 20 世纪 50 年代美学开宗立派，到晚近关于人类学历史本体论的建构，李泽厚的学术生命总是那样旺盛，文化思考总是那样深邃。更可贵的是，他的思想关注总是敏锐地紧扣时代脉搏，他的问题意识总是那样富于前瞻性。无论赞成他还是反对他，讨论 20—21 世纪中国的思想学术文化问题，都绕不开他，都不能不从他那里获取支援意识。因此，李泽厚研究的日趋活跃，是必然的。中国财富出版社关注学术事业，愿意出版李泽厚研究的文献结集，可谓有眼光，有境界。希望《李泽厚研究》能够为中国的思想学术文化建设开辟一道亮丽的风景线。

赵士林

2014 年 1 月

目　录

李泽厚的中国“度”

赵汀阳

对20世纪80年代有所了解的人都知道当时李泽厚无可匹敌的学术声望和影响。李泽厚家喻户晓的声望并非来自电视、报纸和网络传播，而是因为其货真价实的思想学术被广泛阅读。这一前传媒时代的成功现象或许与20世纪80年代有更多的人追求严肃和深刻思想有关。尽管20世纪80年代的人均知识总量不及现今，但人们的思想兴趣似乎更强烈，对待思想学术似乎更为认真。如果记忆无误的话，在20世纪80年代人们心中，“真理”是个分量极重的概念，人们追求真理以及盲目追求真理的热情都很高。尽管真正读懂李泽厚的人不是很多，但他的学术著作却畅销数十万册。

从根本上说，李泽厚是中国式哲学家，尽管他对西学有着深入理解。成为中国式哲学家并不在于读破万卷典籍，或者坚决捍卫传统学说，而在于能否以中国思想方法去分析新问题。这就像背了许多棋谱未必能下好棋，学了许多套路未必能打好拳。李泽厚用中国的方法论去分析现实问题，从不泥古，所以有创新，例如历史本体论、情本体等。这里我愿意以“启蒙与救亡”作为例子。

李泽厚关于“启蒙与救亡”的论点是改革以来对现代性的最早也最有影响的反思，但也似乎经常被误解。启蒙与救亡这一解释模式针对的是中国被迫参加现代化游戏的悖论。我猜想，在其背后，李泽厚深受中国的“本末”和“体用”分析模式，以及毛泽东的“主要矛盾主要方面”分析法的混合影响。西方的现代化是西方自己开创的文明工程，不存在紧迫压力和外在挑战，所以能够从容地先立其“本”，即科学和理性的启蒙；先定其“体”，即制度建设，立宪、法治、权利、市场、民主等方面。在“本”“体”的保证下全面致用，疯狂发展经济和技术，夺取世界市场和财富，推行社会各种细节改造。中国是现代化游戏的后来者，一上手就穷于应付，必须救亡以免被淘汰出局，因此不得不打乱工程顺序，甚至本末倒置，以用代体，急用图强，试图争得时间和条件以便立本固体。但问题是，本与体的欠缺又是发展的不利条件，因此中国现代化过程难免自我纠缠，多走弯路。李泽厚所分析的完全是客观形势下的博弈。更重要的是，李泽厚的分析表明，中国要在现代化这个被参加的游戏中获得成功，必须创造中国道路，别无他途。

李泽厚是最早意识到“中国道路”问题的思想家之一。他似乎认为，中国道路虽有不少失误，但主要策略还是基本可取的。需要革命时，革命是对的；需要告别革命时，告别革命也是对的；先发展经济，将来再完善政治，这些都是中国形势下的有效选择。李泽厚老师曾经对我说道，从革命到告别革命，许多人不理解其中逻辑，结果“左派和右派都对他不满意”。但他坚信他对中国的理解是更成熟的，因为他是从中国特定形势去分析中国的事情的，而无论左派右派，都是水土不服的西方观点。确实如此，时至今日，中国学术仍然有不少“错把他乡当故乡”的观点。

李泽厚自己尤其看重中国的“度”的方法论。这是个非常难以准确表达的问题，我试着对“度方法”给个比较简单的解释。度，是儒家特别推崇的一个方法论，当然其他各家也重视。“度”大概是“恰到好处”的意思，可我们却难以恰到好处地说清如何才算“恰到好处”。它大概相当于儒家说的中庸，但中庸不等于适中，而是指——按现代的话说，在给定的约束条件下，对事情的最优做法，或者对问题的最优解决。似乎部分类似于博弈论所说的“均衡解”。如果结合道家的“水”的方法论去理解“度”，也许就更清楚一些。老子推崇能够像水一样处处合适、步步得当的柔软灵活思维，这似乎是在追求“动态均衡”。

也许与对中国方法论的深度把握有关，李泽厚对中国的未来多有独到预见。在公开或私下的预言中，几乎所有中长期（10～20年）的预言都应验了，令人敬佩。比如，关于改革各个步骤，甚至包括某些具体事件的预言。在20世纪80年代他还预言，教育与心理将成为21世纪的焦点问题，这也大概为真。还有一些关于“500年”后的预言（他偏好500年这个时间），是否成真就不得而知了。记得其中一个特别有趣的是，李泽厚说，500年后，英语或许彻底成为世界语，而中国的价值观非常可能成为世界通用价值观。

（为李泽厚八十寿辰而作）

李泽厚论中西哲学思维差异

刘绪源

一

先说一说李泽厚先生的主要哲学贡献。

他研究问题的总思路，大致是这样的：按照中国思想史的发展，从古代到现代，一步一步弄清楚，从这个思想的生成发展中，他在找一个东西，这就是他所说的积淀。所谓积淀，就是人类从猿到人，人类开始产生感性，产生理性，开始使用和创造工具，发展生产力，人类成为人类，在这个过程中，必然会沉淀下一些东西——这东西不是实物，而主要是“形式”。这整个过程中间，最关键的是什么？是创造和使用工具。因为其他的动物也会使用工具，但是很简单；也会创造工具，但是更简单。它们主要都是靠动物肢体本身的能力，它们都有爪子，能上树，或能长期待在水里；但是人不行，人的特点就是大脑很发达，能够直立行走，能够动脑筋，在这种情况下，人能够创造和使用工具，这成为人最大的特点。在创造和使用工具的过程中，因为人使用了工具，就有了主体和客体的区别，动物不存在主体性，它是主客不分的，但人不一样。比如，这是我的手，这是我身体的一部分；我现在有个手表，手表属于我，但又不是我，这是我使用的工具，它可以离开我。这就有主体和客体的区别。主体性也在这里产生，这就是人对自己的反思和把握，跟动物的区别就这样开始了，积淀就出现了。人在创造和使用工具的过程中，发展了生产力，而人的生活一定也会起变化。李泽厚认为，马克思思考问题的关键点在哪里，就是在人类创造和使用工具的过程中，发展了生产力，然后，生产力和生产关系形成了矛盾，经济基础和上层建筑又形成矛盾。马克思的研究是一种人文的研究，人类社会、人类文明发展的研究。李泽厚说，我的研究跟马克思的研究相比，稍微拐了一个弯，也从这个地方开始，但是，我是拐向了人性的研究。外部的社会特点有什么变化，生产力生产关系有什么变化，这是马克思研究的特点；李泽厚认为他最重要的思想来源之一就是马克思主义，但他的研究拐向了另外一边，即主要针对人性的变化，在制造和使用工具的过程中，人在这样一个过程中，人本身也有变化，他就研究人本身的变化。他认为，个人在生产劳动的过程中，产生的一些感觉，一些情感，就成为了感性；但是人与人之间要交流，生产需要合作，相互交流需要有共通的东西，共通的交流的工具，就是语言；在使用语言的过程中，相互交流的过程中，就产生了理性，因为理性可以共通，可以概括。这里面就有感性和理性的发展，这就是人在创造和使用工具的过程中慢慢改变了自己。我们不妨换个角度谈：早先的人类社会和我们今天的儿童，相互间有一些相通的东西，这也能给我们以启发。比如，儿童有丰富的想象力，他们爱听故事，也爱想象，但过了六岁，他会忘记以前的很多事。是不是先前听过的故事，读过的图画书，还有那些情感、想象，全都白费了？不会。为什么？故事他忘了，但思维形式留下了，思维结构留下了，思维的特点留下了。以后，你的思维能力，想象能力，在你逻辑思维生成的时候，在你读书工作成长的过程中，这一切作为结构形式，会起作用。你如果从小不听、不读、不接触、不交流，就会形成另一种思维结构，也会留下来。人在生产发展的中间，人本身的思维结构的产生和改变，这被李泽厚称为文化—心理结构，它就是在这个过程中形成的，这个形成就是积淀。就像淘米水，慢慢积淀下来，会有白白的一层，那是积淀的本义。那么，历史在发展，也开始积淀，积淀下来的是什么？是结构，文化—心理结构，人的头脑的结构，思维的特点，所以他的研究的最核心的概念，就是“积淀说”。这本来是在他的美学研究中提出来的，后来一点点扩大，就运用到他的全部研究中了。他的思想史研究和他的哲学体系的提出，都是以这个积淀说为“圆心”。他说他的所有研究，都是一个个“同心圆”。随着历史的发展，在人身上，在人性中，积淀下来的是什么东西，这就是他要寻找的。他研究中国思想史，要看看中国思想发展积淀下了什么东西，中国思维积淀下了什么。这样，我们下面就可以说，中国思维和西方思维有什么不一样了。

关于 20 世纪 80 年代，北大教授黄子平有段话说得很好玩。他说：“80 年代初我们北大的学生，每个人每天早晨，头脑里都会有一到两个体系，都是成体系的理论，然后到了晚上，睡觉的时候，已经忘了，明天早上又会有新的体系产生。”那是一个疯狂学习的时代，一个创造的时代，大家都想创造理论。但是李泽厚的哲学理论完全不一样，他是进行了长期思考和大量的积累，在作了美学研究和康德哲学的研究，进行了中国思想史的研究，在这些研究中都取得了极大的成就，然后，才非常郑重地、一点一点地提出来。他的哲学创造，我个人认为，最重要的，一个是“积淀说”，另一个就是“文化—心理结构”，这个文化—心理结构其实就是“情本体”，它是带感情的，是有情的哲学。

如果要非常简单地说清李泽厚的哲学贡献，我想还是他自己的三句话最精练。第一句是“经验变先验”。我们知道，心理结构中很多东西都是先验的，所谓先验就是经验以前，产生经验以前，接触一个东西以前，头脑中就有的东西，就是先验，经验以后就是后验。康德讲到思维结构，讲到理性，很多东西都是归入先验中去的。为什么人有理性而其他动物没有？人生下来没有理性，长大了就会有，没接触过的事你会用这个方法去思考，这不是有个先验的结构在那里吗？确实，人身上有很多奇妙的东西，像数学能力，到一定的年龄就能掌握；语言能力，听你讲讲，他就会说，动物也听你说话，为什么动物不会说，你会说？这些东西跟大脑的思维结构都有关系。那先验到底怎么回事？康德的解释，就是没办法解释，所以就分此岸彼岸，彼岸的东西就是先验的，不可知的，此岸的东西是可以解释的。没办法解释的就变成另外一个世界，就是上帝给的。这个先验的东西是哲学上最复杂的东西。李泽厚说：我探讨的是先验心理学，而不是休谟那样的经验心理学。他指的就是研究文化—心理结构，大脑的结构一生出来就有，后又在人生中被激活，在一定的文化中不断生成（族群通过历史，个体通过广义的教育）。这结构是先验的，这是哪里来的？他的观点就是“经验变先验”，先验的东西是经验变的，因为人类在创造和使用工具的长期的历史中间，有大量经验，人类的千秋万代的经验，慢慢地就变成了我们身上的先验的东西，这就是人在这个过程中引起了人本身的变化，引起了人性的、文化—心理结构的变化。先验不是天上掉下来的？是人类历史造成的，是经验造成的。这就是积淀，就是李泽厚要研究的东西。第二句是“历史建理性”。我们的理性是从哪里来的？理性也是从历史中来的，这也是积淀说，是在历史过程中，在历史大量反复的实践中，慢慢形成的。第三句是“心理成本体”。哲学的本体是抽象的，那都是逻辑的、理性的，但李泽厚认为心理可以成为本体，这是中国哲学的特点，是中国的文化—心理结构，这也就是“情本体”。这三句话被李泽厚认为是他哲学中最原创、最重要的东西。应该说，这样的概括是很到位的。

二

下面就讲中西文化区别，中西思维的差异。

因为中国海洋大学是理工科大学，强调科学，我就从一个科学家说起。李泽厚先生举过一个非常好的例子，他说 1958 年“大跃进”的时候，当时毛泽东要发动“大跃进”，也请教了一些科学家，其中最了不起的科学家就是钱学森先生。钱学森做过一个计算，太阳的能量，在一亩土地的范围内，如果有最好的肥料，最好的气候，在最好的条件下，地里能够生产多少粮食。根据科学的计算，那是可以生产很多很多的，比现在袁隆平的那个产量还要高好多。毛泽东一看非常高兴，中国可以“大跃进”，我们以前太保守了，“大跃进”来了，可以吃饭不要钱，可以十五年赶超英国，当时提出了很多口号。后来就出现了“三年自然灾害”，但其实自然灾害还不是最重要的，我们决策的错误恐怕更严重，所以现在已经不说“三年自然灾害”了，我们新闻单位接到过通知，现在叫“三年困难时期”。粮食大减产，当初却有很多虚报，一些地方

“放卫星”，说粮食产量怎么怎么高，很多领导人都是农民出身的，也有人觉得不可能，怎么可能种出这么多粮食，但毛泽东很自信，认为有科学家的计算在这儿。这里面就有一个思维方式的问题。后来的钱学森先生有很奇怪的变化，我们回忆一下 20 世纪 80 年代初，很多人都记得，他非常相信耳朵听字、特异功能之类，他是科学家，却又相信这些，很多人不理解。但他并不是迷信，他当时坚信：人的思维，以及客观事物中，有很多东西是西方科学所不能解释的；中国思维里就有很多特殊的东西，这些东西我们要发掘。这以后，他还搞了《思维科学》这样一个刊物，这个刊物就是研究各种思维，除了理性思维、逻辑思维以外，还有形象思维，形象思维已经是很丰富很复杂的一个东西，他认为除了形象思维还有灵感思维，灵感也很重要，这三大思维，是他个人的一个观点。在灵感思维和形象思维中，体现了钱学森对中国的思维方式中的神秘性因素的浓厚兴趣。

李泽厚先生当时写了一篇《庄禅漫叙》，探讨庄子和禅宗，他把中国思想史上的各家各派一家家讨论下来，而庄子和禅宗是非常中国化的，那里有很多神秘主义的东西。钱学森非常感兴趣，专门跑到李泽厚家里去，还给他写信。这个信现在在我手里，这太珍贵了。钱学森在信里就谈了思维方式的问题，他的字写得工工整整，他说李泽厚立了一功，把中国的思维方式提高到这么重要的位置，对整个世界的思维都是一种贡献。钱学森后来非常重视中国的思维方式，李泽厚认为，他是吸取教训了，因为以前他所用的思维方式是西方的、科学的、逻辑的、计算的、数的方式。李泽厚认为，这样的方式体现的是一种“逻辑的可能性”，按照逻辑推理是可能的，西方的思维方式就是逻辑的可能性。但是除了逻辑的可能性，还有一种非常重要的可能性，是“现实的可能性”，就是在现实中可能是什么样，通过逻辑推理未必能得出同样结论，但这时推理不一定比现实更可靠。比如说天气预报，天气预报就是逻辑的可能性，说今天可能下雨，然后我带了一把伞，但青岛人不带伞，为什么，他们说，不会下大雨，一看就知道。这就是现实的可能性，现实的可能性是经验性的，不一定经得起逻辑的推敲。但逻辑就一定对吗？

这里有时也会有意想不到的问题，有时逻辑前提本身就有问题。逻辑推理是一种实验室的推断，像钱学森那个计算，在最好的情况下，在将来，几千年以后或一万年以后，中国的稻田产量有可能达到钱学森的推断，但是那是一种没有任何障碍的完全实验性的纯抽象的推理，用最好的土地，最好的农民，最好的时节，最好的空气条件，各种最好的条件放在一起，才能实现这个逻辑推理，在现实空间根本不可能。而中国人对现实的东西特别了解，李泽厚认为中国的思维方式和西方的思维方式的不同，也就是“逻辑的可能性”和“现实的可能性”的区别。

关于中西思维方式的差异，有过各种说法，很多很多的说法，不能说全无道理，但始终都没有说到点子上。比如说中国人爱和平，西方人爱战争（中国的战争也很厉害）；中国人强调综合，西方人强调分析；中国人讲情，西方人讲法……总之各种说法都有。曾经有一段时间这种比较很时髦，大家都在做中西哲学思维对比，后来发现对比都不是很准确，所以大家就都不做了，认为中西方思维的对比大而无当，做起来没什么意思。但李泽厚始终在思考，而且是通过大量细致的研究，一点一点地接近他的结论。现在看来，他的这个结论是有说服力的。

关于“现实的可能性”与“逻辑的可能性”，还有一种说法，就是中国哲学是一种“生存的智慧”，而西方哲学是一种“思辨的智慧”。为什么会有这样的区别？其实从源头上来看，西方哲学是在语言的辩论中产生的，它的产生过程跟西方的政治民主很有关系，在古希腊贵族中，通过选举、投票决定判刑、选出领导，发生战争时也要经过投票。西方议会里一直就有辩论的传统。在辩论的过程中，有一点很有意思，我们不可忘却，即古希腊的大政治家、大哲学家、大思想家、大文学家，大都是文盲，《荷马史诗》就是通过口头传播，才得以流传的。而中国很早就产生了文字，文字立国与口语立国也会形成不同的政治体制，这个非常奇特，语言作为一种工具是非常重要的。一个不识字的团体要辩论，在辩论的过程中要说服别人，思路就要特别清楚（他们没有讲稿），逻辑要分明，煽动性要强，所以很多西方的哲学家都非常擅长言辞，他们在论辩中成长，论辩能力很强。中国则恰恰相反，《论语》

中的“刚毅木讷近仁”“巧言令色鲜矣仁”等，充分说明了这一点。这是两种思维非常鲜明的对比。西方哲学的形式逻辑很强，雅典学院曾有“不懂几何学免入”的禁令，因为平面几何就是一种形式逻辑，不懂形式逻辑的人怎么跟人辩论，怎么讨论问题，怎么推断，怎么搞哲学？西方的哲学家从亚里士多德起，提出的很多问题都是科学问题，后来都变成了实证科学，哲学的内容随着科学的推进发生了很大变化，当时科学和哲学是合一的。所以西方的哲学是一种逻辑的推断，是具有论辩色彩的学说。

很多人认为中国没有哲学，但李泽厚则认为有。在我和李先生对话的过程中，我也跟他有过交锋。我说中国是“前哲学”，正好用来和西方的“后哲学”接轨。他说你这是贬低中国哲学，中国哲学并不是前哲学，就是哲学，是跟西方哲学并立的。他这么一说，我感到很吃惊，后来一想，明白了，这是他的一个重大创见，他的学说就是这么立起来的。西方的哲学是从论辩中产生的，那么，中国的哲学是从哪里起步的呢？他认为，中国的哲学，中国的诸子百家，那最早的私家论著，就是从《孙子兵法》开始的。兵家要打仗，稍有忽略，便会打败仗，民族就会消亡，这是非常实际的。而且，没有充分的时间让人反复讨论，必须当机立断，抓住要害。所以他提出中国的智慧是“生存的智慧”。他这么一说，我仔细想想，确实是这么回事啊！中国的思维里，确实有很多兵家的特点，中国企业家在处理问题的过程中，很多人就延续了兵家传统，当机立断，很有大将风度；而认认真真地把问题拿出来思考，反复论辩，这几乎不太有。只有一种情况，那就是下棋。下棋就是兵家对决，只不过是落实到了棋盘上。这是一种变异，但现实中就不是这样思考，我的孩子现在供职的一家德国公司，搞企业咨询，他们有一种工具叫“测定板”，用来检测自己的各类条件，有利的、不利的，都要考虑到。比如，你过去有没有做过这样的事情？如果做过，能给自己打几分？你有没有做过类似的事情？做过了，相似程度怎么样？相似的事情有没有成功？成功的有几次？你做这个决定的有利条件有哪几项，每项可打几分？这些问题很费时间，但是非常有用。因为这样就把这些问题都摆在桌面上进行讨论了，这就相当于下棋，分析利弊，进行思考。但中国的大男人们，在没有测定板的情况下，还能进行诸如此类的思考的情况，我几乎没有看到过；都是当机立断，很有大将风度。但是这里面确实体现出一种思维的差异，中国思维能够抓住要害、抓住关键，要保证自己的生存，不会消亡。所以那么多古老的民族都消亡了，而中国一直保存到现在。所以李泽厚说，我的哲学根据就是中国这样一个巨大的时空实体，这个实体能够存在到现在，里面有生存的智慧。这个智慧里有优点也有缺点，但确实和西方有差异。

1949 年新中国成立以后，有很多事情，更能够体现战争思维。“支部建在连上”，这是毛泽东战争时期的一大发明，很管用。新中国成立后，这一部队传统落实到了整个社会，大家都处在各种组织里，所有的东西都是由组织承包下来的，包括夫妻吵架的调解、分房子……什么问题都是组织出面，这是军队的做法。每个个体都必须服从集体，这是战时思维的延续。毛泽东喜欢叫自己的对手写检讨，写完检讨就可以“解放”，这是为什么？这就是对待俘虏的方式。写了检讨，说明你投降了，你成了俘虏，那我就可以用你。你以后再反抗，那我新账老账一起算。战争思维在中国的日常生活中比比皆是，这有优点，有长处，但也有缺点和短处。

李泽厚说《孙子兵法》是中国思维的源头，固然是一家之言，但得到了何炳棣先生的有力支持。何炳棣先生的地位很高，在海外华人学者中他是地位最高的，曾经当过美国亚洲学会的会长，华人会长就是他一个。他是学历史的，主要研究考证，并且用英文写作，他曾写过一本很有影响力的书——《关于老子、孙子年代的三篇考证》。在这部书里，有些话说得非常感人，他曾说：“在中国当代思想家中，李泽厚先生对中国文化积淀往往有深切的体会，而且能够把深邃的道理做出精当易晓的解释。他认为中国先秦思想流派中，最先运用战争思维的是兵家，因为战争事关生死存亡，稍不经心，便可铸成大错，而毫厘之差，便有千里之失。”紧接着，做了以下的分析和论断，“古兵家在战争中所采取的思维方式不是单纯经验的归纳或单纯观念的演绎。而是以明确的主体活动和利害为目的，要求在周密的观察了解现实的基础上尽快舍弃许多次要的东西，避开烦琐的细部规定，突出而集中，迅速而明确地抓住事物的要害所在，从而在具体注意繁杂众多现象的同时，却要求以一种概括性的二分法，即抓住矛盾的思维方法，来明确、迅速、直截了当的分辨事物、把握整体，以便做出抉择。所谓概括性的二分法的思维方式，就是用对立项的矛盾形式概括出事物的特征，便于迅速掌握住事物的本质，这就是孙子兵法中所提出的许多相反相成的矛盾对立项。即敌我、胜负、生死、利害、进退、强弱、攻守、动静、虚实、劳逸、众寡、勇怯等。”何炳棣先生指出，在接受了李泽厚这样判断的前提下，便可以将《孙子》、《老子》两本书里的辩证词组，也就是李泽厚认为的矛盾对立项，罗列一下，然后他进行了非常仔细的学术研究。这种学术研究的方法非常好，何炳棣对原来所认为的《孙子》是接受了《老子》的辩证思想这一说法进行了仔细的考证，从《史记》里考证出老子的第八代孙和司马迁的父亲还有交往。按照这一推断，何炳棣认为《孙子兵法》的出现要早于《老子》。在进行了大量的推断以后，他又做了一项重要研究。当时没有电脑，但他把诸子百家做了全面透彻的分析，得出结论，这样一些辩证词汇，只有在两部书里出现过，一是《孙子》，一是《老子》，而排除了其他。也就是说，《孙子》和《老子》两本书有渊源关系，而其他诸子，与这两部书都没有这种直接的关系，因为都没有出现过这一大批重要的词汇。按照何炳棣的考证，确实是《孙子》在前，《老子》在后。他考证此问题前后共花了十年时间，并有一段话说得很让人感动：“笔者第二次退休以后，研究兴趣转入中国古代思想、宗教和制度，虽对思想知识认识有限，却是偏于考证的历史学家。”偏于考证的历史学家是李泽厚提出的，他说“我的任务主要是思想的分析，对于《老子》的年代，我暂采春秋末年说。而对于《孙子》、《老子》的年代，恐怕要偏重考证的历史学家来完成了”。何炳棣比李泽厚大十几岁，是前辈学人，但却非常佩服李泽厚的观点，他说：“我正是李泽厚先生所说的偏重考证的历史学家，所以从烦琐的考据以求证《孙子》为《老子》源，正是义不容辞的职责。”这就是前辈学人的感人之处，用整整十年的时间，出了一本薄薄的书，谈有关《孙子》、《老子》的三篇考证，把李泽厚的思想史上的一个判断落到了实处。关于这件事，我也写过一篇谈何炳棣与李泽厚之间的学术渊源的文章，发表在《中华读书报》上，题为《两封信，一本书，三条注》，有兴趣的同学可以从网上搜到。

三

下面，我们再来讨论一下关于创造性的问题。创造是怎么产生的？它并不是原有的逻辑前提中所具备的，它是无中生有的，是新的东西。一个单位的领导想要创新，光靠头脑凭空想，是想不出来的。现在一个单位的创新，那所谓“新”，往往是其他单位的“旧”。拿报纸为例，不断换领导，新领导不能不干事，那就搞创新，领导换得越多，创新也搞得越多，创新到后来，大家忽然发现，原有的特色都不见了，变得千篇一律了，所有的报纸都变得差不多了。这说明创新不是推断出来的，不是模仿出来的，不是学来的，而是要创造一种全新的事物，这就需要创造性思维。而这种创造性思维的产生，必定是偶然的，很多学术发现也是在偶然中产生的，长期积累，偶然得之。创新又是自下而上的，既是偶发的，就不能布置，不能计划，不是我想要几时创新你就能创出来，它只能像星星之火，东一处西一处地冒出来，自发形成。战争思维有一个很大的问题，就是要不断考虑整个集体，要大家统一步调，却不重视个人的独特性。“文革”中经常搞所谓的“集体创作”，领导出思想，作家出技巧，群众出材料，导致创作出来的作品几乎都一样。图解说教，没有新东西。而创新恰恰是由个人产生出灵感，那原始出处，只能在个人。总结一下，前面说了几点创新的必要条件：偶然的、自发的、个人的、自下而上的。

于是，我们可以说，创造性思维的产生，往往源于一种灵感，灵感是一种中国式思维，不是由逻辑推导出来的。它具有审美性，是一种形象思维，偏重于审美的中国式思维更容易产生灵感。那为什么中国没有那么多的创造性呢？问题在于，灵感产生以后，需要抓住，需要论证，用李泽厚的说法叫做“以美启真”，以审美启发真，启发理性的把握，创新就是一个以美启真的过程。上面说的何炳棣的例子就很说明问题，关于《老子》与《孙子》的年代，李泽厚发现了这一点，而何炳棣又往前走了一步，用十年的时间进行细密考证，然后得出结论。孙子的思想产生于老子之前，中国哲学思想确实源于孙子，这就是以美启真，也是中国思维与西方思维的巧妙结合。

还有一位很了不起的华人学者周策纵，文学系的同学也许知道，他搞过《红楼梦》研究，也搞过“五四”研究。在《庆祝王元化先生八十岁论文集》中，周先生发表过一篇文章《要从形象的憧憬进到真知》，这也是与李泽厚的说法相通的，里面有一段话是这样说的：“我们中国人的思维方式特别注重比喻和以史例推论，但是很少有以严格的逻辑推理和归纳全部客观事实做结论的习惯。”这段话一方面强调逻辑推论，另一方面也强调归纳全部客观事实，其中既说了中国思维，也说了西方思维，很好地点出了两种思维的特点。何炳棣与李泽厚先生以他们深厚的学养，完成了两代学人的衔接，也完成了两种思维的结合。这说明了一点，就是真要出成果，真要有成就，单靠中国思维不行，单靠西方思维也不行，而要将两种思维相结合。怎么结合，李先生、何先生就是榜样。李泽厚说过：凡智慧都可学。中国人因为没有宗教等心理障碍，学习进化论可说是一点就通。中国人在海外学西方科学，也都学得很好，所以我们不应认为中国思维很好，就排除西方思维。同样，西方世界也不可以排除中国思维。

在这里还牵涉“李约瑟难题”——中国为什么没有科学？这个问题并不新鲜，李约瑟和爱因斯坦还曾有过辩论，后者认为中国没有近代科学的原因很简单，就是因为中国没有归纳法，没有逻辑推断（这也就是前面周策纵先生所说的两点）。因为只有在运用演绎与归纳的前提下，才会产生近代科学。爱因斯坦认为，中国人没有发现演绎与归纳的方法不奇怪，因为很多很多民族都没有发现，只有欧洲人发现了，他认为这个发现才是奇怪的。欧洲人为什么会发现，会具备这样的思维？欧洲人能具备这两点，按照冯友兰先生的说法，是欧洲人热衷于改造世界，而中国人则是顺应世界。这倒是说到点子上了，跟古希腊传统很有关系，跟中国的靠天吃饭的农业文明也很有关系。只有灵感，只有新的感悟的一个闪念，甚至已经有了很有价值的发现，但不经过反复严密的论证，仍不能形成科学。比如说，我们报纸上曾经发过一篇文章，是说从古代笔记中看到，霉变的食品意外地治好了时疫，救了人命，作者认为，这相当于西方人发明青霉素。然而，事实上，这只是经验性的偶然事件。而西方的青霉素的产生，作为一种普遍适用的药物，必须要精确掌握它的生产、复制，它的临床效果，它的用量、作用、副作用等，要经过大量的实验，要将全部客观事实尽可能考虑于其中，进行严格的归纳。在这里，没有归纳法，没有归纳全部事实的实验，就不可能有近代科学。

然而，反过来说，我们也不能在没有经过严密科学论证以前，就否定一切经验性的认识。我们有种说法，头发是会愁白的，伍子胥就是一夜愁白了头，按照西方科学的眼光来看，不成立，因为没有经过科学论证，从已有科学知识中推不出这样的结果。再比如，生活中郁郁寡欢容易得癌症，很多人认为有道理，这也是一种经验，并没有经过科学论证，按照西方“逻辑的可能性”，并不成立，而按中国的“现实的可能性”，则很有道理。有没有道理？我认为是确实有道理的，我们周围有很多人都可以成为例证，但它没有得到科学证明。就像胡适写过的“差不多先生”，他这是批判国民性，认为中国人对什么都是马马虎虎，缺少一种刨根问底的精神，这与西方思维差异很大。但西方的“逻辑的可能性”也容易一条道走到黑，有时候是很傻的。明明有用的东西，他不承认，不承认就有麻烦了，但他还是不承认。所以有时候，“生存的智慧”就比“思辨的智慧”来得高明。李泽厚先生还有一种说法，认为中国哲学是一种“度”的思维，西方则是“数”的思维。度，就是不多不少，正好，是“增一分则太长，减一分则太短”。但“度”带有一定模糊性。“度”也是经验性的，是带有审美性质的。“度”没有“数”精确，虽是模模糊糊，但其中有一种现实的智慧存在。我以为，胡适所批评的“差不多”，这是当“度”处理得不好时，容易产生的一种负面效应。李先生还说，我的哲学的最高的善，就是人类的生存和延续。中国哲学体现着一种生存的智慧，这种最高善，就是融合了康德、马克思以及中国思维所总结出的最高的价值。中国传统强调“乐生”，强调“生生不息”，对整个人类的生存延续很重要。这样一种哲学的第一范畴就是“度”，是对于关系的把握，是把握人与人之间的关系、人与物之间的关系、人与世界宇宙的关系，都用“度”来衡量，这些把握好了，人类才能生存、延续、发展。李泽厚把“度”视为第一范畴，以取代精神、物质这些范畴。从这里，也可看到李泽厚最为关注的，其实也是中国哲学最为关注的，究竟是哪些方面。

这里再补充一点，即“现实的可能性”与“逻辑的可能性”，抑或“度”与“数”，并不是完全对立的。度其实就是生活中的数，它从行动中直观把握并获有，非必由精确计算而得出。所以，“现实的可能性”可以说是潜在的“逻辑的可能性”，它未经严密的逻辑论证，所以不及后者精确、科学、能普遍推广；但它同时也更丰富，更具潜力，从“现实的可能性”中可以发掘出更多为现在既有的科学所不包括的新的科学性的东西。所有的创造、创新，从根本上说，都是从实践开始的，都是从“度”的把握上升到“数”的。从这个意义上说，“现实的可能性”大于“逻辑的可能性”。

四

我们已经说了很多中国思维与西方思维的差异，也说了中国思维的不足，那为什么还要说“该中国哲学登场了”呢？因为，西方哲学已经走到了一个死胡同，陷入了一种困境。它需要有一种新质，让它回归到生气勃勃的状态。

我们可以这样来看：古典的西方哲学有一个特点，与中国不同，即西方都是两个世界，上帝的世界与人间的尘世；西方最重要的哲学家，如康德、黑格尔等，强调理念的世界，康德有“先验理性”，黑格尔有“绝对理念”，他们认为尘世是世俗的、不重要的，而彼岸、理念的世界才是真正重要的，现实不过是理念世界的投射。中国其实是一个没有宗教的国家，我们只强调一个世界，对日常生活、对现实，十分重视，现实的人的生存是第一位的。李泽厚先生很喜欢举的例子是“一人得道鸡犬升天”，这个成语现在一般用来讽刺“开后门”“裙带风”等。但李泽厚用的是它的原意，即一个人得道了，要上天了，他看见家里的鸡很好啊，每天能生蛋，带上吧；家里的狗也很好啊，能看门，对自己也很忠实，也带上吧；最后，鸡鸭猫狗、坛坛罐罐，全都带上了天。到了天上，他过的还是跟地上一样的日常生活。这就是中国人的人生观，中国人的生存智慧。我们只有一个世界，我们所有的就是对这个尘世的眷恋与热爱。这样一种思维当然异于西方思维。

西方上帝的世界、理念的世界的观念一直延续下来，后来发展到费尔巴哈、马克思、尼采，认为上帝死了，哲学应该回到人间，回到生活的世界上来。这是一次重大的革命。再以后，出现的最有代表性、最重要的哲学家，就是海德格尔，他对西方哲学的解释与以前完全不一样。海德格尔认为，以前的哲学，堆满了各种概念，那已经成了一片黑森林，看不到光；整个世界也形同一片黑森林，没有光，不可能看到世界的本质。那么，本质在哪里呢？按照以往的哲学的思路，是找不到本质的。海德格尔提出了缝隙（gap）的概念，有了缝隙，要有光透进来，这才能看到东西，所以，缝隙就是本质。海德格尔是受了东方哲学的影响：本质不在于“有”，只有“无”才能让你找到本质。“无”就是中国哲学的东西，西方没有这个意识，海德格尔将它与死亡相连。海德格尔的“无”是从东方学来的，我找到了一点根据，在日本美学家今道有信的回忆录中，就说了这件事，当初还有日本学者说海德格尔是剽窃了东方哲学。其实海德格尔是充满了自己的创造性的。他提出，每个个体，都是世界的一个缝隙，都是“无”，都在由存在走向死亡。存在主义有一句名言：“存在先于本质。”走向死亡，本质才会实现。每个人的生存过程，就是走向或实现本质的过程，这是个人的本质，也是世界的本质。将这二者合一，是西方个人主义走向极致的体现，但充满了现代性。每个人走向死亡的过程中，要面对两种基本的生存状态，一个是

“畏”，一个是“烦”。畏并不是简单的害怕，因为害怕是有具体原因的，而“畏”是一种无端的东西，是一种对死亡的恐惧；还有一点就是“烦”，你与人打交道，你就会感到烦，感到处处不如意，这和法国存在主义所说的“他人是地狱”也有关系。李泽厚认为，苏东坡的“长恨此身非我有，何时忘却营营”，讲的就是这种烦。而李后主的一句词，“闲愁最苦”，李泽厚认为就是讲畏，人感到了人生无聊，感到了闲愁之苦，这其实也就是感到生命在消失，无所事事，这也是死亡恐惧的体现。海德格尔认为存在的本质就是走向死亡的过程，人都是向死而生，所以要做出选择。但做出什么选择呢？海德格尔没有说，也说不清。这在一定程度上被各种人利用，德国法西斯就利用这一点，德国士兵走向战场时，很多人口袋里带着海德格尔的小册子。李泽厚认为这种哲学存在缺陷。海德格尔已经走得很远了，离西方传统哲学非常远，但李泽厚还要再往前走，走向哪里？就是走向现实，走向日常。用什么填补海德格尔的空？以往的哲学都强调超越日常的人生，强调理念要高高在上，但现在，李泽厚提出要回过头来，回到日常生活中来，认为最重要、最了不起的，还是普通琐碎的日常生活。这是将日常生活神圣化、哲学化了，是将中国的生存智慧提到了西方哲学的本体的高度。这就是用中国哲学填补海德格尔的“空”。村上春树的小说《1Q84》也体现了这一点，女主人公青豆经过与“小小人”的斗争，经过各种生死的反复，最后却要退出这一切，要退出“1Q84”的世界，回到日常的真实的 1984 的世界，她要和自己所爱的人一起去生儿育女，过普通人的生活。这是不是很消极，是不是没有了对正义的追求呢？并不消极。现实世界、日常生活非常重要，普通人的生活也非常重要，这里有深刻的一面。当初，李泽厚在《康德哲学与建立主体性论纲》中说道，推动历史发展的动力到底是什么？好像是重大的社会变动，是历史决定了个人，其实，这只是一种外层的变化，只有每个个体发生转变，才是真正的改变。原来是说个人顺应历史，现在要换一换，是历史服从个人，人民群众是历史的创造者，正是从这一点来看才真正有意义。鲁迅说得更明确：“人类的奋斗前行的历史，正如煤的形成，当时用大量的木材，结果却只是一小块。而请愿是不在其中的，更何况是徒手。”每个个体的生老病死，生存延续，这中间发生的改变，才是最本质的改变。所以李泽厚先生也有一些很抒情的话，比如他在1985年的一个哲学提纲里就说过：“于是只有注意那有相对独立性能的心理本体自身，时刻关注这个偶然性的生的每个时刻，使它变成真正自己的，在自由直观的认识创造、自由意志的选择决定和自由享受的审美愉悦中，来参与构建这个本体。这一由无数个体偶然性所奋力追求的，构成了历史性和必然性。”这就把个人只能服从历史的话倒过来了？还有一段话，是在他的《哲学探寻录》中说的：“慢慢走，欣赏啊。活着不易，品味人生吧。‘当时只道是寻常’，其实一点也不寻常。即使‘向西风回首，百事堪哀’，它融化在情感中，也充实了此在。也许，只有这样，才能战胜死亡，克服‘忧’‘烦’‘畏’。只有这样，‘道在伦常日用中’才不是道德的律令、超越的上帝、疏离的精神、不动的理式，而是人际的温暖、欢乐的春天。它才可能既是精神又为物质，既是存在又是意识，是真正的生活、生命和人生。品味、珍惜、回首这些偶然，凄怆地欢庆生的荒谬，珍重自己的情感生存，人就可以‘知命’；人就不是机器，不是动物；‘无’在这里便生成为‘有’。”

这样，西方的非常深奥的东西在这里变得很平实，消解了神秘，增加了感人的成分。李泽厚取代海德格尔的“空”，取代他的“畏”和“烦”的东西，就是珍惜、感伤、眷恋、了悟，尤其是对日常生活的珍惜。我后来跟他讨论过这个问题，我觉得这里面好像有老人回忆的成分，对于年轻人来说还应有另一些更积极的东西。珍惜、感悟、眷恋，那都是回忆性的；其实对于人生，在选择时，还可以有向前看的东西，就是寻求意义。比如，老人退休没事干，希望子女生孩子，他们可以带带小孩，这也是对意义的寻求。西方曾有一个实验，每天给人一些奖励，让人把东西从一边搬到另一边，但重复三天之后，大家发现这一劳动是没有意义的，它只是换取奖金而已，虽然奖金还是一样多，但工作效率却越来越低。所以意义很重要。每个人寻求意义的过程，也就是寻求美的过程。所谓有意义，既是对个体说的，又是与人类总体相关的，其实还是有利于个体和社会发展的，有利于人的生存延续的，这种广义的意义对人生来说是很重要的。能找到有意义的人生，这也就是审美的人生。所以，回归日常生活，热爱日常生活，对有意义生活的热爱，其实也就是推动历史前进的根本动力。李先生是认同这个关于意义的阐释的，他认为这和他说的珍惜、感伤、了悟，是一致的。所谓“情本体”，指的也就是这一些，即由中国视角找到的这样一种文化—心理结构，而这种文化—心理结构可以是世界性的，应该是世界性的，这就是接受了中国哲学以后的世界哲学所可以有的状态。这将是一种新的生机勃勃的状态。

我们说“该中国哲学登场了”，有一点很重要，那就是西方哲学走到海德格尔这儿，用“无”取代了“有”以后，再往前，怎么走呢？这时，德里达那代人出现了，“后现代”出现了。德里达是海德格尔的私淑弟子，他又往前走了一步，认为一切都可以被消解，一切都变得无意义了，没有理想，没有本质，什么都可以被解构。整个世界在后现代哲学的眼光中，都成了碎片。西方哲学走向了无意义的状态，人生变成了“过把瘾就死”，从“无”更走向了“无”。但问题是，过把瘾之后没死，该怎么活着？还是得面对生活，除非自杀。不自杀还得继续选择，后现代哲学不能解决这个问题，这时候，中国哲学就可以填补它的空白，这是一方面。另一方面，指的是语言分析哲学。西方哲学在20世纪分成两个主脉，海德格尔的存在论哲学和以维特根斯坦为代表的语义分析学派。这后一派再往前走，除了语言分析之外，已经没有其他的功能了，把广义的形而上学全部否定了，它不能解释生活，也走入困境。另外，在科学上，生活中，也是语言统治了人生，计算机的语言从一种工具变成了左右人的生活的东西，这就造成了现代的异化。哲学走下坡路，科学往前走，但这个世界成为机器的世界、虚拟的世界，人变成机器的奴隶。这种异化现象越来越严重，从儿童开始就被机器掌握了，人本身变得不重要，手机、电脑才重要，虚拟世界比现实世界更重要。在这样的情况下，中国哲学也可以填补西方世界的“空”，让人真正回到现实，回到日常人伦中来。所以我常说，李泽厚先生是以中国式的"有"，填补了海德格尔和后现代的"无"。我们呼唤"中国哲学登场"，正是为了让人更成为人，让人成为自己生活的主人，从而掌握每个人自己的命运，保证整个人类的生存延续。这就是"情本体"，这就又回到了"有"。

最后再说两点结论。这是我自己的结论，是我近三十年来学习、研读李先生的著作，近七八年来向李先生请教、问学，近三四年来和李先生对话，并合著了两本谈话录后，所思考的结论。我的结论也就是前面所说的内容，但要更概括地说，我认为：中国哲学在认识论上，就是强调"常识"；在存在论上，就是强调"日常"。李先生以"度"为第一范畴，强调经验性、审美性的知识，强调"现实的可能性"，他把这种生存智慧、中国智慧与西方哲学放到相提并论的地位，正是把一向被人看不起的"常识"提高到了哲学认识的高度，这正可以填补西方哲学的唯逻辑推论是从与后现代的"空"。而李先生的"情本体"，也就是中国式的"文化—心理结构"，是既包括这种"常识"，也包括"日常人伦"的，回到日常生活，把日常生活的意义提到哲学的高度，也可以填补自海德格尔以后的西方存在论的"空"。在"常识"与"日常"背后，将这二者合一的，就是"生"的哲学——生命、生活、生存，这是最根本的，这是比西方哲学所依托的"语言"更为根本的东西。

并不是说中国哲学就是完美的哲学，中国哲学需要学习西方的"逻辑的可能性"和"思辨的智慧"；但西方哲学也需要引入中国哲学的"常识"和"日常"，西方哲学所显现的空缺已越来越明显。正因为有这样的前提，所以才提出：该中国哲学登场了。

我这两点结论，亦即"常识"和"日常"，是从李先生的哲学思路中推出的结果。请大家自己读李先生的著作，读他的《哲学纲要》和我们的两本谈话录，相信你们一定会有自己的体会和结论。

谢谢大家！

（2013 年 5 月 17 日在中国海洋大学讲演，牟文烨、孙冰洁整理）

李泽厚哲学体系的门外描述

刘再复

今天很高兴，首先非常感谢常熟理工学院、《东吴学术》的负责人许霆教授、丁晓原教授，还有林建法教授邀请我到这里游玩、讲演，这两天在常熟，觉得这个地方太美了，非常喜欢这个地方。今天讲演的内容，建法兄希望我讲李泽厚，遵命就定下了这个题目——李泽厚哲学新思路。

我最近出了一本新书：《李泽厚美学概论》。[①] 我在这本书的后记里提出一种期待，希望从事哲学的年轻朋友，能够写出一本更大的书——《李泽厚哲学概论》，是整个哲学，不仅是美学。我希望有人会把李泽厚整个哲学体系描述出来，这是我的期待。我不讲空话，今天先带个头，但我是搞文学的，是个哲学的门外汉，只能“抛砖引玉”地对李泽厚的哲学体系做一个门外描述，粗浅的描述。因此今天讲演的题目也可以叫作“李泽厚哲学体系的门外描述”。这个月的十二日是李泽厚先生的八十寿辰，人到了八十岁不容易，值得庆贺。他经常跟我说，他早就有一个死亡的假设，死亡是“未定的必然”。他早就在家中放个骷髅，直面死亡。香港牛津大学出版社林道群和北京生活·读书·新知三联书店的李昕两位朋友说李先生八十寿辰，我们应该纪念一下，开个会。两边都有企业家表示愿意出钱开这个会，但有个条件，就是李先生必须出席。我打电话到美国，李先生得知后，表示两点，第一是感谢；第二绝对不参与。他说如果你们要搞纪念，我就会像清华大学何兆武先

① 刘再复：《李泽厚美学概论》，北京：生活·读书·新知三联书店，2010 年。

生在“纪念”时把门锁上，跑掉。但是香港最近要出版我的《李泽厚美学概论》（香港版），我在后记中写道，这本书是为了纪念他的八十寿辰。李先生说，这种纪念我不拒绝。我和李先生亦师亦友，这是我人生的荣幸。那么巧，那么偶然，上帝把我与李泽厚一同抛在美国的落基山下，让我们比邻而居，共同构筑了一座象牙之塔。我们可以经常在一起谈学术，谈思想，谈人生，我可以常常向他请教，我们对谈出了《告别革命》，之后又谈出了另外一部《返回古典》。他比我大 11 岁，该由我整理，可惜我一直没时间整理出来。

李泽厚过去曾经说过，我也意识到，全世界人性都有种弱点：贵远贱近，贵耳贱目，总觉得远处的宝贵，听到的宝贵；近处的不宝贵，眼见的不宝贵，但我克服了这种弱点。李泽厚就在我的身边，我觉得高山就在眼前，远看是高山，近看也是高山，我很满意自己战胜了人性的弱点。刘勰的《文心雕龙》里讲“知音难求”，难就难在同代人相距太近。黑格尔在《精神现象学》中也讲到“仆役眼里无英雄”。拿破仑是个英雄，但是他的仆役、他的马夫、他的卫士不会那么敬重他，因为太近就会看到他的毛病。而我走出了世俗的眼界，充分敬重李先生的成就，而且是出自内心的、深度的敬重。

我在海外漂泊快 21 年了。漂流有好处，它使我在落基山下赢得一种沉浸状态、面壁状态，不管是读书、审美还是做学问都需要一个沉浸状态，沉下去，才能深下去，只有在沉浸的状态中，我们才能够与伟大的灵魂相逢，才能与荷马、与但丁、与莎士比亚对话。在沉浸状态中，我简化了社会关系，简化到只剩下与几位学校的老师、学生接触，还有就是李泽厚，简化到最少、最低的程度。我和李泽厚，经常下午四点去散步，一散步两个小时，但是我要提问题，他才会讲述。我不提问题，他会半小时都不说话。在讲述中我唯一的态度是“倾听”，听完后就记住了，真诚的敬意能帮助记忆。《返回古典》这本书，我不需要谈话录音，就可一篇篇整理出来。展开对话，是灵魂的共振。这对我来说，真是受益无穷。

12 年前，李泽厚先在科罗拉多学院，离我住的地方有一个半小时的路程。20世纪30年代，也有两位好作家在那里，梁实秋和闻一多先生就在那里深造。

李泽厚退休后就搬到了Boulder，在我家附近。这么一个机缘，是天缘与学缘，我格外珍惜。在人生中，我一直感觉在自己身边的当代朋友，有几位可看作是天才，他们对我都很好，其中三位不约而同地对我说："人生得一知己，足矣！"像高行健得了诺贝尔文学奖之后就立即写了个条幅对我说："人生得一知己，足矣！"李泽厚在香港说："我没有什么朋友，但有一个刘再复就够了。"我为此感到骄傲，并永远敞开心灵，接受他们的智慧。

今天我讲李泽厚的哲学体系，胆子很大，自知能力不足，但还是知其不可为而为之。我知道这个产生于中国文化土地上的哲学体系太重要了，它把中国文化的长处开掘到最高限度，抵达世界哲学的最高水平线。这不是我瞎讲，法国巴黎国际哲学院，这是大家公认的最高水准的哲学院，若干年做一次无记名投票，写出三个自己认定的当今地球上最杰出的哲学家的名字。1988年的投票，投出了李泽厚。这是我国20世纪下半叶唯一被投上的哲学家。我知道消息后，正逢老布什总统的访华告别宴会邀请我参加。会上遇到香港记者刘绍铭，我告诉他，这个事情很重要，应当报道。他回港后，在香港《文汇报》刊登了一篇一千多字的消息。最近美国诺顿出版社（相当权威的学术出版社），出了一部两千多页的大书《诺顿文学理论与批评选集》，选入了150名人类有史以来最优秀的哲学家和文学艺术理论批评家的作品。这本书是世界最有原创性的哲学家和思想家的选本，从柏拉图到李泽厚。去年，北京三联书店作为具有六十年文化积累的优秀学术出版社，经过反复考虑和选择，推出了第三部文集，第一部是陈寅恪先生，第二部是钱锺书先生，第三部是李泽厚先生，一共十一卷。李先生这么大年纪才出这部文集，已不再兴奋。他在美国送我一部时说："我只带来了两部，给你一部，我自己一部。"三联书店的文集选择也是一种标志，总之对于李泽厚的具有高度原创性和体系性的成就，我们要面对。

我今天讲演，只写了提纲，并不刻意准备，更不想作大报告。只想把留在自己记忆中的最难忘的要点，把化入我血脉深处的李泽厚哲学“颗粒”先跟大家讲，以后有时间再慢慢把它提升、严谨化。在西方，美学放在哲学系，不放在艺术系。美学是哲学的一部分，李泽厚称美学为第一哲学，这部分我放在最后讲述，因为写过书了，我不想重复自己。我认为李泽厚的哲学体系由六个板块组成，这六个板块包括纯粹哲学、历史哲学、伦理哲学、政治哲学、文化哲学、美学哲学。我写《李泽厚美学概论》，前面的五个“板块”没有阐释，今天我想把这几个“板块”讲一讲。

那么，先讲他的纯粹哲学。

纯粹哲学是形而上的最玄妙、最高深的哲学。在拙著《李泽厚美学概论》中有一篇附录是李先生的“自问自答录”，非常精彩，里面谈到很多纯粹哲学，我看了一遍又一遍。在这一“板块中”，他提出两个过去哲学史上没有提过的概念，一个是“感性的神秘”，另一个是“理性的神秘”。他认为感性的神秘，平时可听闻到的一些异象，像鬼神现象以及种种宗教经验，将来的脑科学、生命科学一定能够解释，他不相信鬼神；而理性的神秘却是纯粹哲学的研究对象。宇宙是怎样发生的？宇宙为什么如此存在？世界为什么如此存在？它的第一动力是什么？时间有没有边界？空间有没有界限？“我”之外有没有一个可称为“物自体”的客观总体世界？这类的神秘是理性的神秘，很难理解。爱因斯坦说过，这个世界可以去理解是最不可理解的事。意思是说，最大的神秘是世界竟然可以理解。李泽厚的纯粹哲学面对的正是最难理解的大问题。他和钱锺书先生都很有学问，但钱先生的学问特点在于广博，而不在于思想。而李泽厚则很有思想，而且具有大问题意识。他把康德哲学体系中最重大的问题即“认识如何可能”的问题，转变为“人类如何可能”。用李先生自己的话说：“我以‘人类如何可能’来回应康德的‘认识如何可能’（先天综合判断如何可能），认为社会性的物质生产活动是人类的本质和基础，认为认识论放入本体论（关于人的存在论）中才能有合理的解释。”①

李泽厚的哲学体系的轴心正是这个问题。康德哲学的基本问题包括：1.“我能知道什么?”（认识论）2.“我应该做什么?”（伦理学）3.“我能希望什么?”（宗教学）4.“人是什么?”（人类学）。最后这一问题变成了李泽厚哲学的起点。他的人类学历史本体论恰恰从“人是什么”开始进而提出“人活着”“如何活”“为什么活”等理性内化与理性凝聚的问题，把最具形而上特征的“人是什么”的认识论问题转变为“人类如何可能”的大哉问，这是李泽厚哲学体系中最纯粹的哲学问题，也是最根本、最宏观的哲学问题。“人类如何可能?”这个大问题由中国学者提出并不奇怪，因为这个问题在西方似乎已经解决了。西方文化（包括西方哲学）关于这个问题作了两个基本回答：第一种回答是“上帝造人”，即上帝使人类成为可能；第二种回答是“猴子变人”，即生物进化使人类成为可能。而李泽厚则否定这两种回答，他作出第三种回答：人类的“自我建造”使人类成为可能。李泽厚的哲学具有哲学的彻底性，他认定，不是上帝造人，而是人造上帝。因为人太弱小，才造出一个安慰自己的上帝。人属于“有”，“神”（上帝）属于“无”，是“有”生“无”，不是“无”生“有”。李泽厚既否定神造人，也否定自然造人。他认为，自然不可能自行演化为人，而是人通过自身（主体）的物质性历史实践实现从自然（动物）到人的转变。也就是说，人类是通过“历史积淀”“主体社会实践”“自然的人化”“人的自然化”等过程才使人成为人。李泽厚独创的这些命题都是在说明人类通过历史实践而从生物（自然）变成人。概括地说，都是在回答“人类如何可能”的大理性问题。

李泽厚把自己的哲学回答归结为历史本体论和人类学历史本体论。哲学上有两个重要的概念，顺便说一下，所谓本体就是根本、本原、最后的实在；主体则是指人和人类。所谓历史本体论，乃是认定历史为根

① 李泽厚：《李泽厚集·实用理性与乐感文化》，北京：生活·读书·新知三联书店，2009年，第280页。

本，通过人类的历史实践，自然变成人，自然人性化。李泽厚之道一以贯之的是“人”，是“历史”，是“以人为本”。在一次聊天中，朋友何作如问李泽厚先生，您能定义一下“人”吗？什么是人？李先生立即回答说：“人是历史的存在，人类是历史的结果。”他的这些纯粹形而上的哲学非常彻底，西方哲学没有达到这么彻底的程度，这也得益于他吸收了马克思主义经典的精华。所以，有人说，他是马克思主义者，强调历史的作用，黑格尔、马克思都强调历史的作用。但李先生对“历史”的本质与功能却有自己全新的具有原创性的论说，下面我们就进入这个问题。

李泽厚创造的第二个哲学板块是历史哲学。

他的历史哲学，最著名的是他的历史积淀说，他认为历史有两个特征，一是它的暂时性，二是它的积累性。人类通过主体实践不断积淀，从而形成两种历史成果，一是外部的社会—工艺本体；二是内部的文化—心理本体。我今天要特别讲一点，他还创造了一对非常重要的悖论，即历史主义和伦理主义的二律背反。讲矛盾，讲悖论，讲二律背反，实际是一个意思。讲矛盾，较通俗；讲悖论，稍有点学术；讲二律背反就更学术了。我们过去讲矛盾的时候，推出黑格尔，黑格尔说矛盾时时存在，处处存在。可是康德只讲宇宙论的四对二律背反（正题：世界在时间上有开端，在空间上有限界；反题：世界并无开端，也无空间限界，就时、空言，它是无限的等四对）。而李泽厚呢，就讲历史主义和伦理主义这对二律背反。我们今天很多社会问题和历史问题都可以从这里得到解释，这是李泽厚历史哲学中最精彩的命题。他讲这对悖论是说，历史总是悲剧性前行，前行中总是要付出巨大代价。历史主义讲“发展”，伦理主义讲“善”，两者一定是矛盾的，但这两个相反的命题都符合充分理由律。所谓悖论就是说，两个相反的论题都符合充分理由律，二律背反也是这样。你说“上帝是存在的”，符合充分理由律，你说“上帝是不存在的”，也符合充分理由律。说上帝不存在，对，因为无法用逻辑用理性证明它存在。说上帝存在，也对，因为如果把上帝看作心灵，看作情感，看作信仰，那它就存在。孔夫子不是也说“祭神如神在”吗？历史主义讲发展，就肯定欲望（恶）的合理性。马克思认为黑格尔比费尔巴哈深刻，因为黑格尔肯定“恶”是历史的杠杆。“恶”是什么东西，就是人的欲望，这是历史发展的一种动力。邓小平的功劳是打开潘多拉的魔盒，把魔鬼放出来，使中国变成了有动力的社会。所以中国现在发展得很快，打破“大锅饭”，让一部分人先富起来，这不符合伦理主义（平均主义才符合伦理主义），但符合历史主义。邓小平把历史主义放在优先的地位这是对的，但他没有完成另一使命，有动力的社会还必须是有序的社会，这一点他还没有完成。历史的发展一定要付出巨大的代价，这就是精神的代价、道德的代价、伦理的代价。不可能没有代价，只能力求代价少一点，关键是如何掌握历史主义与伦理主义发展过程中的“度”。什么时候把历史主义放在优先，什么时候把伦理主义放在优先，这里面有一个把握历史的艺术。什么时候加强历史主义的力度，什么时候加强伦理主义的力度，这要看你的历史眼光和驾驭历史的能力。

由此李泽厚的历史本体论接着提出一个范畴，“度”的范畴，这是李泽厚历史本体论中的一个重大范畴。黑格尔的哲学体系里讲“量”、讲“质”，大乘佛教讲“有”、讲“无”，都是重大范畴。李泽厚历史本体论提出另一重大范畴就是“度”。在历史主义张扬、伦理主义付出代价以后，要强调社会公平，要掌握好这个度。我与李泽厚先生讨论，我们到地球上走一回，是否可以讨论一下世界上最伟大的几个文化高峰是什么？爱因斯坦临终前说，你们可以在我的墓碑上写：爱因斯坦曾到过地球上一回。到地球上走一遭，如此而已。那我们到地球走一回，看看这个世界上最伟大的几个文化高峰是哪几个。我认为，一个是“西方哲学”，一个是佛教的“大乘智慧”，还有一个是我们中国的“先秦经典”，都是人类文化的最高峰。这三者有个共同点，它们最高的境界都是中道境界。大乘佛教的最高境界是中道。《红楼梦》也是中道，贾雨村在开篇中讲哲学，不重大仁、大恶，而重中性中道。西方哲学的悖论，其实也是中道。中国先秦经典讲中和、中庸、阴阳互补也是中道。李泽厚讲度，反对走极端。这个度，便是把握中道。这不是概念，而是实践。它不是语言，而是人类生存的根本，历史前进的根本。换句话说，历史的根本不是语言，不是概念，而是主观世界把握客观世界的度。他的《历史本体论》，充分阐释了这个范畴。“度”在钱锺书的《管锥编》中就是“几”，“几”就是临界点，就是度。钱先生很有学问，一谈到这个“几”便举出一百多个例子。可是把“几”的深刻内涵、哲学内涵充分开掘出来，还是李泽厚。在“几”与“度”中，两位智者相逢了。有人写文章批评我，说我是贬低了钱先生，抬高了李先生，其实我对两位都深度尊重，只是说，这两位学问家风格不同。李泽厚有大问题意识，他把这样一个度的概念开掘发展成一个很大的哲学范畴，成为他哲学体系中一个重大命题。总是纠缠于谁高谁低，没有什么意思。

有人说李泽厚守持马克思主义的历史唯物论，这种说法不完全对。我们只能说，李泽厚讲的是人类学历史本体论。他在香港出版了《马克思主义在中国》，可惜这本书还不能在大陆出版。在书中，他提到马克思主义的历史唯物论其基本理论是对的，这一基本理论就是恩格斯在马克思墓前演说中提出来的，人首先要吃饭，要衣食住行，然后才产生意识形态，才有思想、文化，这是对的。我们在《告别革命》中肯定这一点。后来香港一家报纸批评我们两个，嘲笑李泽厚哲学是吃饭哲学。但李先生坚持说，人活着，这是绝对价值，“吃饭哲学”只是这一价值观的通俗表述。另外，我们又认为马克思的策略理论是错的，即把通向理想社会的策略界定为阶级斗争、暴力革命，这是错的。我们并不否定以往一些暴力革命的历史合理性，但认为不应当把阶级斗争和暴力革命看成是历史的必要之路。李泽厚历史本体论还扬弃了经济基础决定上层建筑这套理念，强调人类历史发展中改善工具的实践活动才是最关键的历史内容。

第三板块——伦理哲学。

李泽厚曾经对我说，他认为他的伦理哲学比美学更重要，但是国内对他的伦理哲学几乎毫无所知。李泽厚的伦理哲学纲举目张，在当今世界范围也属首屈一指。李泽厚的伦理哲学首先分清伦理和道德这两个基本范畴。他的伦理学重心不是研究外在的伦理分类、伦理制度、伦理规范等（如基督教、佛教、伊斯兰教等均有不同伦理规范），以往的伦理学正是着眼于这一方面。李先生的创造性研究在于，他把伦理学的重心放到探究个体内在道德性质的差异上。于是，他首先分清社会性道德与宗教性道德。社会性道德是讲日常社会生活的基本道德规范，这些基本规范由法律风习体现。宗教性道德则是更高的内心要求，它是社会性道德的导引，讲的是良心、良知。这两者的关系非常复杂，关于两者的区别与关联，李先生曾作这样的概说："'宗教性道德'和'社会性道德'之作为道德，其相同点是，两者都是自己给行为立法，都是理性对自己的感性活动和感性存在的命令和规定，都表现为某种'良知良能'的心理主动形式：不容分说，不能逃避，或见义勇为，或见危受命。其区别在于，'宗教性道德'是自己选择的终极关怀和安身立命，它是个体追求的最高价值，常与信仰相关系，好像是执行'神'（其实是人类总体）的意志。'社会性道德'则是某一时代社会中群体（民族、国家、集团、党派）的客观要求，而为个体所必需履行的责任、义务，常与法律、风习相关联。前者似绝对，却未必每一个人都能履行，它有关个人修养水平。后者似相对，却要求该群体的每个成员的坚决履行，而无关个体状况。对个体可以有'宗教性道德'的期待，却不可强求；对个体必须有'社会性道德'的规约，而不能例外。一个最高纲领，一个最低要求；借用康德认识论的术语，一个是范导原理（regulative principle），一个是构造原理（constitutive principle）。"宗教性道德是一种伦理绝对主义，也可以说，是人一出生就应当担负的绝对道德"义务"。李先生说，你出生在一个没法选择的"人类总体"的历史长河中，是这个"人类总体"所遗留下来的文明、文化将你抚育成人，从而你就欠债，就得随时准备献身于它，包括牺牲自己，这就是没有什么道理可说，只有绝对服从，坚决执行，这就是宗教性伦理，也即所谓"良知""灵明"和"绝对道德律令"。但是，历史行程总是具体的，所谓"人类总体"又离不开一时一地即特定时代、社会的人群集体，因此"绝对律令"的具体内容又常常来自于具体时代、社会、民族、集体、阶级等背景、环境，从而便与特定群体的经验、利益幸福相互关联而带有极大的相对性。由此也产生相对的伦理法则和道德原则，这些法规与原则由法律、规约、习惯、风俗等形式表现出来，并常常由外在强制化为内在要求。

关于道德，李先生提出三个重要概念：人性能力、人性情感、人性理念。三个概念非常清楚。李先生有一个中国和世界十大哲学家排名榜，中国的第一哲学家是孔子、第二是庄子。世界最伟大的十个哲学家排名（不是按时间，而是按创造的水平），第一康德，第二休谟，第三柏拉图，第四亚里士多德，第五马克思。我起初很奇怪，为什么把休谟看得如此重要。李先生说，休谟在人性情感方面阐释得最好、最精彩。人性能力的哲学表述，这是康德完成的。在康德看来，人之所以成为人，最重要的是人性能力。人性能力即人的先验判断力。李泽厚补充说，先验判断力论点可能走向上帝。但人性能力，康德讲得最好。人的基本能力是能听从内心的绝对道德律令，即内心的绝对命令，这种绝对律令产生了道德的绝对性。一个人掉到水里，不管他是什么人，不管他有无价值，我们首先想到的是救他。这点与孟子是相通的，即所谓四善端：恻隐之心、辞让之心、是非之心、羞恶之心。康德认为人性能力体现为一种绝对律令，哪怕是爱因斯坦，见到一个普通人掉到水里也想马上去救。这里不涉及人性情感，也就是说，我不爱他，我也要救他，这是道德的绝对性。道德的绝对性不容商量，人之所以为人，必须要有这个能力，越过道德底线就不行。我们不能说周作人穿上日本军装，投降日本，认为他这种行为是对的。把道德的绝对性变成相对性，是不对的。相对性道德论说，一个人掉进水里，首先考虑他是什么阶级，是红五类，还是黑五类，这种相对化就错了。道德律令是绝对的。道德的崩溃正是从各种诡辩开始的。康德所讲的人性能力，是区别于动物的最重要的人的特征。西方逻辑文化至今已发展到了极致，逻辑发展到极致就产生电脑，此时人听从电脑的命令，机器的命令，但是最终的还是要听内心的绝对命令。

再讲一下人性情感。休谟生在康德之前，他强调人类爱，认为理性是人类情感的奴隶。这种人性情感论似乎与中国文化相通。李先生说，西方文化讲合理，中国文化除了合理，还讲合情。还有一个就是人性理念。如果具有人性情感和人性能力，而不具备正确的人性理念，这也是不行的，人性理念一旦失误就会产生灾难。如恐怖分子，他们很勇敢，不怕死，认为自己在救苦救难，可是，他们的理念错了。滥杀无辜，人性理念错了，所以我们在有了人性能力、人性情感以后，还要有一个正确的人性理念。这就是李泽厚先生的道德结构。

第四个讲政治哲学。

李泽厚的政治哲学是很精彩的，他对政治非常关注，很有见解，并且形成了他的一套政治哲学。社会上有些误解，以为我很关心政治，其实我不看报，也不上网，这主要是受歌德的影响。歌德说我为什么每天要花一个小时去关心世界大事？还要再用另一个小时去操心世界大事？而李先生关心政治，很有政治见解。

他的政治哲学首先区分了中西文化不同的政治理想。西方文化的政治理想是追求正义，中国文化的政治理想是追求和谐。所谓和谐，就是刚刚所讲的既讲合理又讲合情。这种和谐可能会牺牲一些原则，比如我们要搞好团结，就必须“和稀泥”。中国人为什么很崇拜关羽？我们家乡就尊关帝为佛。关羽在华容道放过了曹操，这是不合法的，违反了军令状，另外也不合理，因为曹操是大哥刘备的强大敌人；但是他合情，因为曹操过去对他太好了，他必须讲情义，这一点使中国人特别喜欢他，觉得这个人特别值得崇拜。这也是说，在中国人的潜意识里（深层的文化心理）讲“情”，讲合情。而西方讲正义的时候不讲情。韦伯的思想体系只讲责任伦理，不讲兄弟伦理、意图伦理。责任伦理只讲效果，不讲动机。在李泽厚看来，人类社会的未来将会更倾向于讲和谐。在《告别革命》一书中，我们讲的正是和谐哲学。这本书的题目，本来是《回顾二十世纪中国》，后来定为《告别革命》，书名太刺激了。其实我们非常理性，非常学术，三联书店的老社长范用曾经写信对我说，再复兄，我读了《告别革命》才发现许多人只读了书皮，没有看里面的内容，看了内容就会觉得没什么可怕的。因为我们讲的哲学核心是和谐，我们并不否定以往暴力革命的历史合理性，只是认为暴力革命未必是唯一的圣物。

世界上有三种哲学在较量：一是“斗争哲学”；二是“和谐哲学”；三是“死亡哲学”。斗争哲学讲的是“你死我活”，和谐哲学讲的是“你活我也活”，死亡哲学讲的是“你死我也死”。最后这种哲学导致同归于尽，“与汝皆亡”，导致滥杀无辜，我们坚决拒绝。我有位很有才华的作家朋友，写了一篇文章，说没有什么恐怖主义，只有弱者个人对强者和强者集团的反抗。他举的例子是荆轲，说荆轲不是英雄吗？我不赞同这种说法，因为荆轲没有滥杀无辜。现在的死亡哲学是滥杀无辜，破坏整个日常的生活秩序，所以我们要拒绝死亡哲学。斗争哲学是我青年时代所接受的基本哲学。“文化大革命”将斗争哲学推向最高峰，整天你死我活，这好吗？不好！所以，我们选择了和谐哲学，你活我也活，这才是正常的哲学。

《告别革命》讲的正是和谐哲学。现在，历史的平台变了，冷战时代转变为经济竞争时代。用历史学家黄仁宇先生的话说，是从意识形态管理的时代转到数字管理的时代。时代转变了，历史平台变了，过去的平台是战场，今天是谈判桌，是饭桌。过去说革命不是请客吃饭，不是绘画绣花，这话很对。可是今天时代不同了，请客吃饭就很好，绘画绣花很好，温良恭俭让很好。和谐哲学是妥协，是调和，是平等对话。桌子是圆桌，是平等对话的桌子。我们认为，人类社会的阶级矛盾与阶级斗争是永远存在的，过去讲经济平等，其实经济上的平等是永远的乌托邦，不可能实现。我们讲的平等只能是人格的平等、心灵的平等。五四运动后，我们接受西方文化有偏差，我们在《告别革命》中指出这一点，我们接受的是法国卢梭的平等文化，而不是接受英国洛克的自由文化与共和文化。太强调经济上的平等，必然会导致革命和种种乌托邦幻想，对过去接受西方文化的偏颇进行反省是必要的。

《告别革命》还批评了后现代主义，指出它最根本的弱点是只有解构，没有建构，也就是说，只有破坏性的思维，没有建设性的思维。我到西方后，看到这种思潮影响非常大。可是后现代主义，只有理念，没有审美，只有颠覆，没有创造实绩。像《蒙娜丽莎》这么美的一幅画，后现代主义者给她加上胡子，这哪里是创造？这是造反。造反不等于创造，真正的创造是在已有的艺术高峰上寻找新的再创造的潜在可能性，而不是在原有创造中进行一种颠覆。《告别革命》包括很多层面，有历史层面，有政治层面，有哲学层面，有艺术层面，等等，还包括对后现代主义思潮的告别。李泽厚先生在他的论著中一再批评后现代主义，旗帜鲜明地反对这种时髦的“文化相对主义”（李泽厚批评用语），指出它在理念上把“文化相对性”加以绝对化和在方法上笼统否定“二分法”的错误。在论述过程中，他指出，语言可以游戏，但“人活着”（需要吃饭）是绝对的，不能抹杀人类的一切基本价值，不能没有价值判断。

《告别革命》中，我们对中国近代史提供了一种新的认识。近代史不仅仅是革命的历史，还是建构现代文明的历史，有些近代史书抹掉建构现代文明的重大线索。我们还提出评价历史人物的新尺度，认为评价近代历史人物要超越党派，要看他对中华民族进步以及对人类的进步事业，做了哪些实事、好事。只要他做了实事好事，不管他是宫廷中人还是宫廷外人，不管他是共产党人还是国民党人，我们都要肯定他的功绩。总而言之，我们认为阶级调和比阶级斗争好，“改良”的方式比“革命”的方式好。

第五，文化哲学。

李泽厚的文化哲学特别丰富。他在文化哲学中创造了许多独特的命题，这些命题都是以往的中国文化研究史上未曾提出过的。他的文化哲学如果作为专题讲座可以更细致地讲，现在我只能用很短的时间来讲几个要点。

李泽厚很重要的功劳是从哲学上说清了中国文化与西方文化最根本的区别。这一区别，用李泽厚的语言来表述是，中国文化是“一个世界”的文化；西文方化是“两个世界”的文化。中国文化只有人的世界，只有现世世界；西方文化则有此岸世界和彼岸世界。换句话说，中国文化是没有神世界的文化，没有彼岸世界的文化；西方文化则是人的世界和神的世界并存的文化，这是非常大的差别。中国文化中只认此生此世，西方则认定人可以接近神，但不可能成为神。上帝就是上帝，人就是人。西方文化认为是上帝创世，是无生有；中国儒学则认定大易本有，有生无；李泽厚人类学历史本体论认为“有”（宇宙—自然协同存在）具有神圣性，因而不是“无”而是“有”—“无”—空，而有才使心灵丰富，人生丰富，才能在根本上构建起人的“诗意栖居”。中西文化的差别就从这里开始。讲爱、讲情感，中国人讲的是亲情之爱，先爱我们的父母、我们的兄弟、我们的朋友，由近及远；西方讲情感则是从远到近，从上到下，上帝是爱的总源。爱是圣爱，是上帝给的爱，很不相同。中国人认定只有此生此世，就要过好此生此世。我在香港城市大学讲中国的挽歌文学，开始解释不清楚，后来我读到李泽厚先生的文化哲学，便讲清楚了。为什么中国挽歌文学这么发达？因为我们认定只有一个世界，因为认识到不可能有天堂，所以对亲者的死亡感到很悲伤。中国的挽歌文学非常发达，从向秀到韩愈都写得好。后来我把明清的墓志铭拿来翻看，发现也写得非常好，那些都是挽歌。有一次李泽厚从北京给我带了一套线装本的《红楼梦》，送我的时候他说，金粉送美人，宝剑赠壮士。他说，因为中国人认定只有一个世界，所以要在这个世界里好好过日子，寻找此生此世的快乐，连读书时也要快乐、轻便一些，因此就发明线装书，美国人就没有我们这么聪明，书印得很大，很重。《红楼梦》印成线装书，拿起来很轻松。我在后花园里，坐在摇椅上，拿着线装本的《红楼梦》读，这有多美，这是文化派生出的景象。

李泽厚晚年提出的最重要也最有原创意义的是“巫史传统”大命题。以往的中国文化学者如钱穆也讲到中国只有现世世界的文化，没有上帝这种有意志的神。但是，没有一个学者说明，“人”的地位在中国文化中何以如此之高，也没有学者说明，中国“一个世界”的文化和西方“两个世界”的重大文化区别是怎么形成的。这一点，到了李泽厚才完成了哲学的说明。他指出，“巫”的特征是动态、激情、人本和人神不分的“一个世界”。相比较来说，宗教则属于更为静态、理性、主客分明、神人分离的“两个世界”。与巫术不同，宗教中的崇拜对象（神）多在主体之外、之上，从而宗教中的“神人合一”的神秘感觉多在某种沉思的彻悟、瞬间的天启等人的静观状态中。西方由“巫”脱魅而走向科学（认知，由巫术中的技艺发展出来）与宗教（情感，由巫术中的情感转化而来）的分途。中国则由“巫”而“史”，而直接过渡到“礼”（人文）“仁”（人性）的理性化塑建。① 李泽厚通过“巫史传统”的表述，解说了中国文化如何实现“究天人之际，通古今之变”。他发现，东方和西方在完成了“自然人化”之后，即从动物变成人后发展的路向不同。西方走向宗教，东方（中国）则走向“巫君合一”“政教合一”的理性体制建构。更具体地说，西方创造了主宰一切的上帝，并把人自身的源头归结为上帝；而东方（中国）则创造了一个非神（上帝）非人的“巫”。由“巫”作为中介而沟通人与天，并形成后代的宗教、政治、伦理三者合一的权力结构和“天人合一”“与神同一”的人生境界。李泽厚认为，抓住“巫史传统”，便可抓住中国思想大传统的根本特色，也即掌握了打开中国思想文化的总钥匙。提出“巫史传统”命题，是李泽厚对中国文化的重大贡献。

李泽厚的文化哲学非常丰富，除了“一个世界”“巫史传统”之外，他还提出“实用理性”“乐感文化”等重要命题。这些命题既是对中国文化总特点的描述，又是文化哲学。例如他论述“乐感文化”，就概括了以儒为主干的乐感文化三个带有哲学性的要点，即：1. 肯定此生此世的价值，肯定生的快乐。不是生而有罪（基督教），不是生而悲苦（佛教），不是生而大错（大患），而是生而有趣。2. 确认生命价值在于生命本身的奋斗与进取，即在于用乐观的态度去争取未来，天行健，君子以自强不息。3. 确认生命最高的乐趣在于情感的快乐，而不是物质的快乐，情才是根本。“情本体”，是乐感文化的核心。乐感文化以身心和宇宙自然的和谐共在为依归（西方的罪感文化以上帝为依归），因此中国文化把人与整个自然的合一视为最大快乐

① 引自李泽厚：《论巫史传统》，《波斋新说》，香港：香港天地图书有限公司，1999年。

和人生极致。这一极致属于审美性而非宗教性。中国把审美放到高于宗教的位置上，原因也在于此。与此相应，“情本体”不是西方的“理本体”，不是基督教的“圣爱”，也不是宋儒以来改进的伦理本体，最后，也不是新儒家牟宗三先生说的超验的心性本体。“情本体”是指普通的、日常的人间情感本体，这种情感是人生的根本，是人生最后的实在。中华民族文化之所以不会灭亡，就在于它，既合理又合情。情本体的论述具有历史针对性，它首先是针对西方。整个西方是讲理本体，理才是根本。中国是讲情本体，情才是根本，通情达理，中国人把人的情感放在最重要的位置。李泽厚哲学做了总结，认为人生最后的实在、最后的根本是情感。权力、财富、功名都不是最后的实在，情感才是最后的实在。

第六，美学哲学。

美学哲学是拙著《李泽厚美学概论》的主题。2006 年我到台湾东海大学担任讲座教授时美术系要我讲李泽厚美学，我就被逼出来了。很多朋友知道我勤劳，不知道我有懒惰的一面，如果今天不逼我，我也不会讲哲学体系。

我把李泽厚称为中国现代美学的第一小提琴手，他的美学研究在现代美学史上获得了最高的成就。“以美育代宗教”，王国维和蔡元培早已提出，但说明审美高于宗教的理由和说明如何以审美代宗教，则是李泽厚独特的学术完成。李泽厚与爱因斯坦相通，他指出中国文化历来不相信有一个发号施令的神，但以“天地”代替“神”。这个“神”（天地）就是审美秩序，即天地人协同共在的和谐秩序，这一秩序是自然存在与人存在的依据和归宿。李泽厚美学有几个很重要的特点，第一个特点，我用意象性语言把他概括一下，这个意象，就是男人美学。李泽厚在自己的哲学书里，本来是不赞同这一概念的。尼采讲过一句话，说美学有两种，一种是男人美学，另一种是女人美学。如果只懂得审美，只懂得漂亮的姑娘啊、漂亮的坛坛罐罐啊，这种只懂得审美的美学是女人美学。相反，如果从哲学上探索美的本质、美的来源、美的根本、美的发生等美的哲学，那便是男人美学。

李泽厚美学属于男人美学，有一种哲学和历史的纵深度，他和朱光潜先生的美学最基本的区别就在这里。朱光潜先生讲的基本上是审美心理，审美接受，他不是把自己的美学研究重心放在拷问、追问美是怎么发生的，美的根源是什么，美的本质是什么；李泽厚的美学研究之路正好是柏拉图的路子。黑格尔对柏拉图评价很高，他认为只有像柏拉图这样注意美的普遍性才是深刻的。柏拉图怎么谈美学呢？他从哲学的高度谈美学。什么是美？他的回答很奇怪，他说，美就是美本身。也就是说，美是美的“共同理式”，即美的普遍性。也就是人类共同向往、眷恋、仰慕的那种东西，比如星辰、月亮、太阳，全人类都在向往，那就是美。李泽厚就在叩问这些问题，叩问人类向往的共同理式是什么，所以他提出“自然的人化”和“人的自然化”等重大美学命题。这是李泽厚美学的一个重要特点。

通观美学，也是大观美学。这一点和曹雪芹很相近，我在研究《红楼梦》时发现曹雪芹的哲学有大视角。哲学和思想最大的区别是哲学要有视角，思想不一定要有视角，视角不同，看世界、看人生就不同。大家都讲大观园，但没有人从“大观园”里抽出一个“大观视角”。曹雪芹就有一个“大观视角”，大观的眼睛，也就是通观的视角、通观的眼睛。从很高的层次看人生，才看出那些功名、权力、财富都是过眼烟云，才有《好了歌》。爱因斯坦也有大观的视角，他用宇宙的极境眼睛看世界，所以他说地球只是一粒尘埃。后来我发现《金刚经》中谈到五种眼睛：天眼、佛眼、法眼、慧眼和肉眼。作家诗人就不能光用肉眼看人性和人的生存环境，而要用天眼、佛眼、慧眼来观察。我更高兴的是，读《庄子》的时候发现，庄子也讲五种眼睛：道眼、功眼、差眼、物眼、俗眼。《逍遥游》便是用道眼看世界、看万物。李泽厚把美学归为哲学系统中的一部分，他也有一个大观的视角。李泽厚的美学观不是艺术观，他说如果把他的美学观仅仅看作是艺术观，那就把他贬低了。审美大于艺术，这是他的美学基本观念。李泽厚的美学观超越了艺术观，其外延和内涵都比艺术观深广得多。

我认为李泽厚在我们当代是个天才。这个天才不是我第一个讲的，芝加哥大学邹谠教授讲过。邹谠教授去世时，芝加哥大学降半旗，我在芝加哥大学的时候，有48个人得诺贝尔奖，现在更多，但是很多人去世都没有降半旗。邹谠教授的政治学研究成就很高，做得非常好，他就称李泽厚先生为“早熟的天才”。那么李泽厚先生是一个什么样的天才呢？康德界定天才必须有两个特征：一是原创性，二是典范性。康德认为天才不仅要有所发现，而且还要有所发明，所谓发明就是创造新的艺术形式。20世纪80年代有人嘲笑说，《美的历程》算什么，既不是文学史又不是艺术史。有一位研究历史的朋友对我说，李泽厚这本书一锅煮。我说，它的好处就是一锅煮，里面包含了各种各样的审美对象，不仅有文学、艺术，还有人体、服饰、墓碑、陶器、雕刻，各种东西，全部成为他的审美趣味变迁史的对象。中国不同时代的审美趣味如何变迁？变迁体现在文学，体现在艺术，体现在陶瓷，体现在雕刻，体现在服装，体现在人体各个方面。比如汉代的审美趣味，那个时代崇尚古朴，崇尚外部力的美，不是内心的细致的那种美。这种美主要体现在汉赋，不是体现在乐府。以往的文学史都抬高乐府，贬低汉赋，可是，恰恰是汉赋充分体现了汉代的审美趣味。魏晋、初唐、中唐、晚唐又是另外一种趣味。这就形成独特的一个历史，这是李泽厚先生原创出来的，时间证明《美的历程》非常好。李泽厚先生看到我的这些论述，说：你第一个把它点破了，《美的历程》就是中国审美趣味变迁史。

如果有时间，还得要讲李泽厚对西方美的贡献，现在只能讲中国美学两部著作——《美的历程》和《华夏美学》。《美的历程》是中国美学研究著作的外篇，讲审美趣味；而《华夏美学》是中国美学研究的内篇，讲美学精神，即儒、道、屈、禅的基本美学精神，讲得非常精彩。我们过去常说庄禅，那么，庄子和禅宗到底有什么区别？中国禅与日本禅又有什么区别？李泽厚讲得非常清楚，庄子有思辨、有人格理想，到了禅宗就完全没有了，只有瞬间直觉和即刻的神秘体验。他说庄子与禅宗的差异是：第一，庄子的破对待、齐死生等，主要仍是相对主义的理性论证和思辨探讨。禅则完全强调通过直观领悟，竭力避开任何抽象性的论证，更不谈抽象的本体、道体，它只讲眼前的生活、境遇、风景、花、鸟、山、云……这是一种非分析又非综合、非片段又非系统的飞跃性的直觉灵感。第二，庄子所树立夸扬的某种理想人格，即能做“逍遥游”的“圣人”“真人”“神人”；禅所强调的却是某种具有神秘经验性质的心灵体验。庄子和魏晋玄学在实质上仍非常执着于生死，禅则以参透生死关自许，对生死无所住心。所以前者（庄）重生，也不认为世界为虚幻，只认为不要为种种有限的具体现实事物所束缚，必须超越它们，因之要求把个体提到宇宙并生的人格高度。它在审美表现上，经常以气势胜，以拙大胜。后者（禅）视世界、物我均虚幻，包括整个宇宙以及这种“真人”“至人”等理想人格也如同“干屎橛”一样，毫无价值，真实的存在只在于心灵的觉感中。它不重生亦不轻生，世界的任何事物对它既有意义也无意义，过而不留，都可以无所谓。所以根本不必要去强求什么超越，因为所谓超越本身也是荒谬的、无意义的。从而，它追求的便不是什么理想人格，而只是某种彻悟心境，某种人生境界、心灵境界。庄子那里虽也已有了这种“无所谓”的人生态度，但禅由于有前述的瞬刻永恒感作为“悟解”的基础，便使这种人生态度、心灵境界，这种与宇宙合一的精神体验比庄子更深刻也更突出。在审美表现上，禅以韵味胜、精巧胜。庄禅的相通处是主要，这表现了中国思想在吸取了外来许多东西之后，不但没有失去而且进一步丰富发展了自己原有的特色。在这意义上，禅宗与儒家精神也大有关系。并且，随着历史推移，禅最终又回到和消失融解在儒道之中，禅的产生和归宿都依据于儒、道。这大概也就是中国禅与日本禅（由中国传去却突出地发展了，不再回归到儒、道）不同之处吧！李泽厚对华夏美学最重要的贡献在于对儒家美学精神的发掘。过去西方研究中国美学时只讲道家美学，但李泽厚充分发现了儒家美学，而且是儒家美学中“情本体”这一最重要的精神之核。所以他把孔子尊为中国的首席哲学家，李泽厚还创造了一系列属于自己的命题，比如“美感二重性”“乐感美学”“审美心理数学方程式”。“审美心理数学方程式”讲四个要素：感知、想象、情感、理解。这些都是过去没有讲过的，是对未来美学的一种猜想。他猜想说，这四个要素的无穷组合，才形成了文学、艺术的多彩世界。总之，李泽厚的哲学世界极为丰富，我只能涉及它的一角。时间已经到了，我们留下一点时间，大家提问题，大家来讨论。我今天就讲到这里，谢谢大家。

（在常熟理工学院“东吴讲堂”上的讲演）

生命的同心圆

——李泽厚《哲学纲要》评注

周　瑾

《哲学纲要》(北京大学出版社 2011 年版)，整合了李泽厚《历史本体论》《实用理性与乐感文化》等著作的重要内容，反映其“人类学历史本体论”的概貌。全书以伦理学、认识论、存在论三大纲要，建构起一个能够代表现代中国哲学水平，具有人类性与历史感、经验基础与实践品格的完整体系。

李泽厚的哲学探索始于 55 年前，20 世纪 80 年代集中推出诸多论著，20 世纪末以来又陆续有作品问世，不断提出新的视角和线索。早期论述虽不可避免打上时代烙印，但问题意识并不过时，对“人类如何可能”的执着探询，一直主导其哲学思考的方向，每一部著作都成为对既有思考的拓展和深化，角度有所转换，范围持续推扩，而内在理路一以贯之。一系列新的范畴、概念，都从其哲学体系内部的预留空间之中生长出来，因为人类学历史本体论自身就富于创生的潜能，具有因时因境源源生发的可能性；正如李泽厚自云，犹如一个以生生（“活”）为本的同心圆，一圈圈扩大，似乎重复而不断更新。从而，整个体系体现出高度的首尾连贯和内在自洽，所有论述都具有平实简明、清楚大方的力度和美感。

人类学历史本体论认为，人类使用—制造工具的劳动实践，不断积淀和塑建文化—心理结构，积累外在的人文（礼/义）、塑造内在的人性（乐/仁）；经由历史（就集体而言）与教育（就个体而言），人类自己造就自己而生生不息，走出一条“人与宇宙—自然的物质性协同共在”之路。李泽厚拿出一系列原创的概念、范畴，力图如实体现人类求真、求善、求美的永恒追求和历史实践。概览其体系构架，可以提取如下一些根本构件，好比宏伟建筑的地基和穹顶、立柱和横梁。

一个中心：“活”，亦即“生生”，体现为“人与宇宙—自然的物质性的协同共在”。一个出发点：“为”（实践，践行，行健；“自强不息”，“太初有为”）。一个背景：人类总体的生存延续和历史积累过程。一个主题：人类命运。一个哲学：美学作为第一哲学，“天何言哉”，“天地有大美而不言，万物有成理而不说，四时有明法而不议”，“原天地之美而达万物之理”。

两个基点：始于“度”而终于“情”。双本体：工具本体与心理本体，双本体实为一体，表现为形式力量与形式感受。两大方面：内在，文化—心理结构的积淀；外在，两德论（宗教性私德与社会性公德）与和谐论（乐与政通，和谐高于正义）。两大指归：内在，天地境界（审美代宗教）；外在，和谐世界（新一轮儒法互用）。双向互动过程：自然的人化（内在：生理结构；外在：经验现实）；人的自然化（内在：人生境界；外在：社会生态）。

三支柱：认识论，“以美启真”，提出实用理性；伦理学，“以美储善”，提出巫史传统；存在论，“以美立命”，提出乐感文化。与之相配而提出三句教：历史建理性，经验变先验，心理成本体。三支柱与三句教由“活”生发，指向如何活、为何活、活得怎样。三大纲要：从认识论、伦理学和存在论展开真善美（知意情）的探索，以理性内构（认知的自由直观）、理性凝聚（道德的自由意志）、理性融化（审美的自由享受）三个方面来塑建心理形式（人性能力）；相应于知、意、情，分别提出工具本体（使用—制造工具）、两种道德（宗教性私德—社会性公德）、心理本体的情理积淀（理性在感性中的渗透和融合）。

四大来源：孔子（包括庄子、荀子、《礼记》），马克思（包括达尔文、杜威、皮亚杰），康德（包括休谟、黑格尔、爱因斯坦），海德格尔。人类学历史本体论坚持康德的“人是目的”，以马克思为康德提供历史来源和经验基础，并扎根于以孔子为代表的厚生贵生的中国传统，把人类总体的生存延续作为最根本的出发点；“以孔老夫子来消化康德、马克思和海德格尔，奋力走进世界中心”。文化发端四顺序：太初有为（以使用—制造工具为本体存在基础的生活生存）→太初有言（人类语言把人的动作、创造、道路和生活生存保留起来传诸后代）→太初有字→太初有史；合而为“太初有道”本身的天行健、生生不息的道路。中国现代化四顺序：经济发展→个人自由→社会正义→政治民主。

五个面向：天、地、国、亲、师；合而为天道、天命，亦即“乐感文化的‘神’”，此乃人类学历史本体论的信仰所在。天地是“宇宙—自然的物质性协同共在”；国是家园、乡土、故国；亲是父母、祖先、亲戚朋友；师是历史文化传统。

八项需求：食、衣、住、行，性、健、寿、娱；人类学历史本体论建基于人类生活的基本需求，由此提升和扩展自身的普遍性和包容性。

厘清工具与心理、科技与人文、自然与社会的关系，个体与群体、宗教与政治、道德与伦理的关系，人性能力之求真（理性内构）、致善（理性凝聚）、立美（理性融化）的关系，以及古今中西体用的关系，人类学历史本体论结构性地展开十八概念：度作为第一范畴，自然（内在/外在）的人化和人（内在/外在）的自然化，文化—心理结构，积淀，转换性的创造，西体中用，历史主义与伦理主义的二律背反，两种道德，权利优于善，和谐高于正义，实用理性，巫史传统，乐感文化，儒道互补，儒法互用，儒学四期，理性的神秘，情本体。

人类学历史本体论以生生（“活”）为圆心，落实为“人与宇宙—自然的物质性协同共在”，构建起富于经验色彩、实践品质的“工具—心理”双本体论，围绕此圆心而一圈一圈拓展，成为始卒若环、环环推扩的生命同心圆。工具本体以“度”为核心，心理本体以“情”为核心，双本体互相塑造而实为一体，好比双鱼负阴抱阳以合成太极圆图，此可谓“圆善”，亦即：知性与理性之真，人情与艺境之美，汇归于人类总体生存延续这一最大的善。双核心相互呼应，就像阴阳双鱼的眼睛，双鱼绕抱而居中形成的 S 形曲线，李泽厚曾用以形容“中”“度”“巧”，然更可同时表示知意情之“中”——如理之度、适宜之善、得体之情。

通过以美启真的理性内构、以美储善的理性凝聚、以美立命的理性融化，人类学历史本体论打通求真、致善与立美，而统一于人类总体之生存延续、实践创造。这是康有为开创近代思想新局之后，真实反映和呼应现代中国实践进程，具有历史感、现实感和前瞻力的哲学体系；置于中国哲学的展开过程，堪称船山之学以来，涉及哲学、艺术、政治、伦理、宗教诸领域而具有集成性质的哲学体系；在感受历史巨变并做出重大革新的意义上，以情欲论（情本体、自然欲求和生活需要）为主题展开先秦儒家礼乐论、汉儒宇宙论、宋儒心性论之后的儒学第四期，同样具有开创和转折作用；并且还是中国文明由传统转入现代而建构的现代哲学体系，代表中国文化的转化性创造，参与人类文化的未来构形。

李泽厚禀持“人类视角、中国眼光”，以中华文明八千年历史、十三亿人生存的“巨大时空实体”之实践活动、生存智慧为坚实基础和重要依据，其哲学体系力求最大限度地彰显中国文化的人类性和世界性。借用太史公的话，人类学历史本体论以人类的生活需要和人生情意为本，究天人之际、通古今之变、汇中西之长，奋力走出一条上接孔子儒学而通向未来中国的世界性之道（路）。

以下概括《哲学纲要》的片段论述，稍做评注，以粗略呈现人类学历史本体论的某些重要线索。

> 第 12 页注释 2：人类学历史本体论以儒学“仁”的情感注入理性绝对主义的人类伦理本体，使之具有经验操作可能。这不同于牟宗三化经验之“仁”为先验之“天命”，因为牟缺乏“人类学历史本体”“文化心理结构”“实用理性”等根本观念，无法很好解说绝对律令的先验神圣性之由来，其思路将逻辑地走入超验宗教或经验人欲。

牟先生的哲学，缺失上述与物质生存、经验活动息息相关的根本观念，难以落实到作为情感和理性之根本来源的人类总体生存延续。没有这一根源和景观，绝对律令就失去现实基础，或者超拔成超理性甚至反理性的准神学，或者局限于个体经验的感性欲求。其原因从外观形式看，在于经验和先验之间缺失中间框架，无法为两者的关联给出具有现实说服力的解释；从内在实质看，更是缺乏人类总体生活延续的历史感，并且忽视物质劳动实践对人类生活的基础作用。而李泽厚高度肯定康德的伦理绝对主义，同时坚持马克思对物质生产、经济基础的强调，并把这一切都融入儒家厚生尚德、通情达理的基本路向；以儒家来包容康德和马克思，以康德和马克思来促成儒家在现代生活中的转化性创造。

人类学历史本体论开出儒学第四期“情欲论”，既不追求那种过滤掉情感、情境、情况的抽象本体，亦不主张感性至上、排斥理性，而是把理性融化、渗透到感性之中，共同扎根于人类总体的生存延续和历史积累。从而，感性可以关联于日常生活情意的多姿多彩，理性可以关联于人类生活秩序的明晰塑建。

> 第 23、26、29 页：现代社会性道德的类似于宗教性道德所宣称或要求的所谓“普遍必然性”，来自于现代经济社会生活，都是历史的产物，并非先验或超验原理，也非圣哲英明或上帝旨意。所谓“普遍必然性”，其实是“客观社会性”。抽象个人、无负荷自我、抽象平等契约，皆为非历史的假定，不是先验的原则。人从“个人为整体而存在”，发展成“整体为个体而存在”。自由主义强调后者而否定前者，是非历史的；社群主义强调前者而否定后者，在今日中国是反历史的。

作为历史的产物，道德没有先验、超验的源头，而是来自现实生活及其需要，从中积淀、提炼、建构而成。所谓“普遍必然性”，并非神赋和天定，而是建基于人类总体延续的社会实情。人类社会从传统的群体关系、人身依附以及个体为整体而存在，发展到现代的个体单位、商品依附以及整体因个体而存在。神化后一阶段而不承认前一阶段的历史合理性，是一种非历史的眼光；怀念前一阶段而反对、抵制后一阶段，在现代转型远未完成的当今中国，是一种反历史的行径。

> 第 51 页："情理结构"，情和理以何种方式、比例、关系、韵律而相关联、渗透、交叉、重叠；乐感文化的关注重心，就在于如何使此结构取得最好的比例形式和结构秩序。"以人为本"的乐感文化的实质就是情本体、人本体，既不同于道德形而上学的理本体、准神学，也不同于自然人性论的欲本体。

由比例、关系、韵律、结构、秩序来阐讲乐感文化的情理内核。郝大维、安乐哲两先生以审美秩序对理性秩序来讲中西之别，与此有一定近似。在人类学历史本体论看来，这种秩序、结构并非固定的模态，而是处于不断的变动发展之中，其组配关系适时调整，一切以生活为本源和指归。由此或可沟通人文与科学，生活结构与自然结构。从人的眼光看去，人文世界与宇宙自然世界具有类似的秩序，古希腊雕塑、巴赫音乐与数学法则若合符节，中国儒道医艺与万物节律天然吻合，阴阳五行思想协配人心人生人世与天地，这都体现根源性的秩序内在共通感。由形式力量和秩序感受来理解"人与宇宙—自然的物质性协同共在"，可以探索和开发"理性的神秘"，使之有助于生活意义的充实、稳定和长久，以及可分享、可共通，而不是迷醉于不可说的、难以保持的"感性的神秘"。

> 第 60 ~ 61 页：不必刻意避开与人共在，去追求所谓先行到死的独一无二、不可替代、不能再来的此在，因为实在本身就是与人共在的丰富、多样和细致，而每个人的每时每刻的生活，本身就是独一无二、不可替代、不能再来的。死亡固然是每人都有的无定的必然，走向死亡固然是每人都有的现在进行式，但何必时时刻刻惦记着这个必然呢。儒和道都忘记它，禅虽然面对它，却不把它时刻挂在心上，仍然去热情地肯定和拥抱生活，从存在的虚无中去建立价值、活出意义，这才是生命质量的既真且实的标准啊。

无中生有、奋力自立，这比甩脱一切的以无为极，贬低人世的唯神至上，更为艰难也更为真实。抽离出一个死灭的终点来时时惦记，其实无形中贬斥了正在进行的生活本身，导致对于具体情意的抽象和过滤。死亡就包含在生活当中，每时每刻都处于过去刚逝、现在方兴、未来待生的状态，通脱之人不会把死亡从变化之流中割裂抽取出来，加以对象化、现成化地把执，也不会死命抓取这最后一跃并视作唯一紧要之事，因为每一跃都在当下生成。不切实做好生命历程中每一步的更新转化而空谈、遥想最后一步的飞跃，容易流为虚幻；人世行程若能充实活脱、变化得宜，死亡便不成其为务须时刻惦念的了不得的关口。对死的理解和把握，本就蕴含在对生的体会和践行之中，变化常新的生生才是第一要义。

> 第76页：社会性道德能够有重叠共识，原因在于现代物质生活、世界经济一体化所导致的趋向走势。但精神领域的趋同尚远未成形，“道始于情”的情本体在这方面有一定优势，因为人情大体相同或接近。

人类学历史本体论关于物质生活和精神生活的观念，或可表述为：物质一元，精神多元；生活一元，价值多元。李泽厚既重视理性又提倡情感，既讲工具本体又讲心理本体（情本体）。两个本体实为一“体”，来自形式力量、形式感受，扎根于人类总体生活延续及其需要，以制造和使用工具并进行物质生产交换为基础，由之建构起适应现代生活需要的公共价值域，在此前提下开发各种各样的精神取向。从而，西体中用其实就是以现代生活为基本载体，中国传统经由转化性创造而灵活发挥作用，范导、调节现代生活形态并参与塑建人类未来，走出一条不同于神本体（理本体）和欲本体的情本体/人本体（仁本体）之路。

> 第99页：人类学历史本体论重视“内在自然的人化”，“道始于情”的中国古代哲学具有世界价值即人类普遍性，因为它在古代历史条件下对此作了较好的表述，即重视理性化是建立在生物本能或自然情感之上。“转化性创造”也要以此为重心来展开，由人类

总体生活而总结和重建绝对理性，反对各种非理性和反理性，并以人生情感来充实绝对理性，高扬乐感文化的人类普遍性和普世理想性。

人类学历史本体论对“内在自然的人化”的中国古代表述进行现代转化，并吸收康德对理性的肯定、马克思对经济生产的重视，创造性地提出“内在自然的人化”的现代表述。转化传统并对之进行改进和升级，使中国表述的特殊性在充分吸纳康德、马克思以及批判吸收海德格尔的基础之上扩展为人类普遍性。这是对传统的真正继承和弘扬，中国传统由此可以成为人类未来道路的活资源。

第 101 页：人类学历史本体论以其注重生存延续、历史成果而与发生学有关联，但又不等于发生学。

人类学历史本体论并不等于发生学，但对科技成果的充分重视和利用，对发生、运化和行进的历史过程的强调，都与发生学有着相当的关联。哲学应当重视和利用科技成果。正如第 102 页的 A、B、C 之区分。A 是哲学，其“普遍必然”体现在神性或纯粹理性，B 是科学，其“普遍必然”体现在生物本能、先天生理；人类学历史本体论是 C，是“有科学含量和科学前瞻的哲学视角”，其“普遍必然”体现在“生物族类的自然本性经由历史（集体）和教育（个体）所积淀而形成的理性化成果”，因此，人性不同于神性和生物性。第 103 页把关于人的两个古老定义“人是理性的动物”“人是制造工具的动物”沟通联结起来，就从根本上打通 A 和 B，并以人类总体生存延续的实用理性来包容它们，哲学和科学共同建基于富有实践品格的由每一个个体所构成的人类总体生活。

第 139 页：由巫史传统而来的实用理性，与实用主义有相契合之处，无须发展出对象化的存在设定，比如人格神或自然律，也无须发展出主观的逻辑范畴即先验理性，从而不等于实在主义；但实用理性又设立了由人道上升而要求“普遍必然”的“客观”天道，

> 以作为行为的信仰和情感的依托，这就不同于从不设立这些客体、并且以有用无用作为真理标准的实用主义。实用理性既可以包容实用主义，又可以包容实在主义。

“包容”一语比“沟通”“关联”更好。因为实用理性并非在实在主义和实用主义之间去搭成某种沟通和关联，而是从根本上就超越那个让实在主义和实用主义的对立成为可能的架构。以人类总体生活的延续和需要作为现实基础和历史源泉，以人与天地参作为动态能势，对中国巫史传统进行转化性创造的人类学历史本体论就不会陷入生物性与神性的裂分，而是以人生人情人性来包容它们，同时还包容必然与偶然、绝对与相对、决定性与不确定性。正如第 141 ~ 142 页所强调的，中国传统的“实用理性”就是依附于人类总体生活进程的历史理性，是由历史中建立起来并与经验相关的合理性，合理性是“度”的延伸。它否定先验思辨理性，强调相对性、不确定性和非客观性，但又不是相对主义，而是以人之食衣住行、性健寿娱为基础，由林林总总的相对性、不确定性、非客观性所积累和构建的人类共同适用、一致遵守的客观社会性，此即普遍必然性。中国传统的“人能弘道，非道弘人”“道不远人”，都可以从这个角度获得新解。

> 第 150 页：数学的普遍必然，是抽象化了的实践活动（劳动操作）形式本身的普遍必然。纯粹数学是对人类社会原始劳动操作实践的反映，源于原始劳动操作的合、分、可逆、恒等、对称、进行的无限可能性等最基本的形式。

以劳动操作的抽象化，作为数学系统的根源，这一观点贯彻了人类学历史本体论以物质生产、实践活动为本的理路。并且还可以联想到《说巫史传统》的重要观点，把所谓本体实在、终极本源之“无”（无）落实到“巫”“舞”的仪式活动感受之中。无比纯粹和超越的理、神、数等，就都可由人类生活生产实践的经验过程和历史积累，来得到更为真实和更具操作性的把握。

第164～168页：人类学历史本体论强调人的存在、生存所依赖的实践操作活动，以“度”替代“存在”、“本质”、“实体”、物质、精神而作为本体性的第一范畴，将认识和存在都建立在人类实践活动基础之上，彻底告别各种绝对实体，包括外在的绝对精神、物质世界，内在的心灵本体、理性逻辑。“度”以人类历史的实践操作活动为本，和谐、均衡、稳定的理想本身就要从永不停歇的运动变化中去寻求。这种源于生活生存、经验把握的开放性，指示着不断进行而永远不会完成的运动变化的历史行程。以“人活着”为第一命题的人类学历史本体论，以“度”的动态把握来体现自己对于中国生命哲学的真正传承。

提出“度”的本体性，是李泽厚在数十年哲学、美学探索和思想史研究基础之上的画龙点睛之笔，也是此前研究思路以“活”为圆心而一圈圈推展开来、合乎逻辑地抵达结穴之所。与之相得益彰的是“情本体”的提出。“度”关乎生命自由直观，“情”关乎生命自由感受；“度”是以美启真之始，在中国文化中表现为实用理性，“情”是以美立命之成，在中国文化中表现为乐感文化。始于“度”而终于“情”，就是发端于生命之审美秩序，完成于人生艺术之情意。与“度”和“情”有关的“德”，是以美储善，在中国文化中源于巫史传统。

“度”本体相应于生命生存、生产生活的工具本体。“情”本体相应于心理本体，亦即情理结构。情理结构分为理性内构、理性凝聚、理性融化，这个复合结构中的理性方面，又与“度”有密切关联，理性本来就源于由“度”生成的合理性；从而，心理本体与工具本体密不可分，甚至本来就同出一体，一个表现为内形式（人性），一个表现为外形式（人文），同源于形式力量和感受。就情理结构而言，“德”作为理性凝聚与“度”作为理性内构，都突显理性的主宰力，同时道德情感不仅体现理性凝聚的人性能力，还与情理融渗的人性情感相通；而理性内构之“度”合乎生命审美秩序，自身也在一定程度上包含情感愉悦。从理性与感性的不同偏重而言，理性内构、理性凝聚更多突出理性对感性的主宰，是人性能力在伦理道德和认知方面的表现；理性融化主要是理性融渗到感性、情欲之中，可以称为人性情感。但人性能力也有情感因素，人性情感同样受理性影响，它们共同构成人性之“情理结构”，故可以统称为人性能力（心理形式），因为情感本身就是一种能力。情理结构的“度”（求真）、“德”（致善）、“情”（立美）三者，皆由“活”而生发，“度”指向工具操作，“德”指向意志品格，“情”指向心理感受；操作、品格、感受，都植根于以生产实践及其历史积累为前提的生存，“活”就指向这历史性的生存本身。人类学历史本体论以“活”为第一命题，以人类总体生存延续（“活”）的历史为本体，展开以美启真的“度”（理性内构），以美储善的“德”（理性凝聚），以美立命的“情”（理性融化）。

该体系从生存和历史出发，重视永不停歇的运动、变化和更新，既不苦苦追求纯粹、绝对的神性、理念和精神，也不沉溺和满足于生物本能的感官欲求；该体系的活枢纽不在“身”（生物欲望）也不在“心”（纯粹精神），而在于“行”（操作、行动、运用、功能、过程）。被包容在历史行程和操作活动之中，个体与全体、物质与精神、经验与先验、生物性与神圣性的各执一端都得到消化；坚实稳固的普遍必然性（实乃客观社会性）与充满偶然性的个人创造和自由活动，也不再成为对峙的两极。人类学历史本体论由人类生存和历史积累的行程，来解开实在论与实证论、本质主义与虚无主义的死结，使之不再必要。

> 第 178 页：人在物质操作的长久历史中所积累的形式感受和形式力量，与整个宇宙自然直接相关，这是人与宇宙存在相同一的深层审美感受和领悟，体现为“以美启真”的自由直观。

“天地有大美而不言，四时有明法而不议，万物有成理而不说。”在人类学历史本体论中，“美”指向广阔而深邃的生命秩序，可以产生有节奏韵律的认知求真活动，也可以蕴含、储藏以和谐、均衡、适宜为标志的善端。中国文化的“乐感”底色，正是把生命秩序之美赋予求真与向善，使人世行程洋溢着合乎天地韵律的大美与大乐，并在其中安身立命，实现人格的完善和人生意义的丰满，即所谓“以美立命”。这样的生命风貌和生存智慧，无须排斥科技进步，也不必为追求感性神秘而鼓吹生活倒退。中国文化注重历史积累、经验操作，不惧怕变易，甚至以变易为其运行之方，因此不必排拒现代科技创新带来的社会生活变化，而要融入其中加以调适引导，重建人与宇宙相协调的秩序之美和生活之乐。

> 第186页：现代以来对于人类、社会与自然的理解，或者是上帝造人，或者是猴子变人，或者是先验哲学盛行，或者是社会生物学。人类学历史本体论提出“人类如何可能”，对这两者都不同意，而是强调以生物进化为必要条件，人类创造了自己族类独有的“超生物的肢体”（即使用—制造工具）、“超生物的感知”和“理性”（内构、凝聚和融化），使人类成为既是生物又是超生物的存在物。

可以结合作者前面所讲的，沟通关于人的两个古老定义“人是理性的动物”“人是制造工具的动物”。前一方面的无限拔高和抽象，导致绝对的理念、精神和神性，后一方面的直接还原，导致对于生物本性的完全依赖。人类学历史本体论以人类生存延续和历史积累的动态过程以及其所积淀的心理形式（人性能力），使上帝造人与猴子变人的非此即彼成为不必要。起源在人类自身，归宿也在人类自身，人类自己建立和塑造自己。“人类如何可能”，这一问题的提出和解答，破除了神性解释和生物解释的二元偏失，包容并消解它们。

> 第213页：张载四句教：立心，建立心理本体；立命，关乎人类命运；继绝学，承续中外传统；开太平，与人性建设相关的和谐世界。

这是独具人类学历史本体论色彩的解说，简易而通透。

> 第237页：批评抽象谈论欲望。欲望作为包括人类在内的动物

族类所共同具有的生存本能，其如何实现取决于客观时空、条件、环境，尤其取决于所使用—制造的工具。人类通过不断创造和改进生产工具，改变生产环境和生产水平，实现人的生存欲望。欲望必须被客观化才能实现，所需要依靠的各种客观条件中，生产工具占了非常核心的位置。“工具（中介）高于目的”。不是抽象的欲望，而是具体实现欲望的生产—生活活动，才是人的生存即“人活着”的第一推动力。

批评抽象、空泛的欲望决定论，本身就贯彻了这一根本观点：人的生命、生存、生活，是由生产劳动、具体来说就是使用—制造工具来塑造和改进的。这是一种以生存活动和历史积累为基础的工具主义，重视主客互动互塑的过程，重视该过程所依赖的工具（中介）以及工具的活运用。工具（中介）的使用和改进，既改塑环境、创造条件而不断提高生产水平和质量，也塑造主体心理结构而不断实现和丰富着人的生命需求，一步步推进外在自然和内在自然的人化。这是一个历史的和实践的互动过程，“用”（运用、践行、施为）本身成为活纽带。

第250页：人类学历史本体论提出了两个本体：工具本体承续马克思，心理本体承续海德格尔。结合中国传统做了修正和发展，提出实用理性和乐感文化，两者都以历史为本体，统一于人类历史的本体。

工具本体的关键词是“度”，心理本体的关键词是“情”。双本体都以人类历史为本，“度”与“情”统一于“活”（历史性的生存）。在心理形式（情理结构）内部，“度”指向自由直观的“以美启真”，“情”指向自由感受的“以美立命”，两者之间还有自由意志的“以美储善”；三者又具体展开为理性内构、理性凝聚、理性融化。人类学历史本体论对中国传统（尤其儒家）的一个转化性的创造，是把德本体转换为情本体，并由心理形式、审美秩序而接通理性认知，使得情理结构可以从工具操作实践和生存经验积累那里获得坚实的现实基础。

第 255 页：《批判哲学的批判》由马克思回到康德，由人类生存的总体回到个体和个体心理，同时并未舍去前者作为前提，论说心理是历史的积淀物；《己卯五说》在心理的意义上由海德格尔回到黑格尔，同时并未舍去前者作为前提，论说个体存在的心理本体在人际世间的各种具体情境之中，展开其所能具有的丰富复杂的客观历史性的“精细节目”（“有”）。

这是一个不断深化的循环：由总体深入到个体，讲明个体如何从历史总体之中动态地积淀而成；又由个体本体返回到关系本体，使个体的内在丰富由于落实到关系情境的动态变化之中而得以具体展开。李泽厚多次引用朱子评说佛家只见得浑沦而缺乏精细节目，这就是由抽象上升到具体、由普遍上升到特殊，由深刻的空泛而上升到貌似庸常平凡的有滋有味、可亲可感，也就是李泽厚反复讲到的“空而有”。中国传统的朴素而伟大，正体现在这种“空而有”，“在这个既空无又实在中去把握人生滋味”，“因未全废人际情怀而不枯寂冷漠，因未死守利害因果而不丑恶俗腻”。“有”不是那“具体而多元的种种世间事物，而是那作为总体存在的人和宇宙共在的本身”；以此，“美学成了第一哲学”，“生活即艺术”。以孔子为代表的“天地之大德曰生”“生生之谓易”的中国传统，通达天地大美、践行人生大艺，成为人类学历史本体论体系的基本土壤。李泽厚在这种“活”之“空而有”的底色上面，以“历史建理性”来吸收、消化马克思和杜威，提出实用理性；以“经验变先验”来吸收、消化康德和休谟，提出两种道德；以“心理成本体”来吸收、消化海德格尔乃至陀思妥耶夫斯基，提出乐感文化。

第 296 页：无论就人类发展或个体教育说，审美心理结构最初都是从活动中获得，而后才逐渐转化、变形为静观的，这在原始族群是图腾歌舞，在儿童个体是游戏活动和歌舞动作。由活动到观照，既是外在自然人化的行程，也是内在自然人化的行程。

“由活动到观照”，既是人类历史积累的发展过程，也是个体接受教育的成长过程，而且合乎中国传统对于行事、践履的高度重视。古文字有很大比例反映人的活动，其中又有很多是关乎身体使用器具的操作过程和参与状态，这也体现由“为”（行动、运用）来把握内外自然的倾向。人类学历史本体论对中国传统的继承，在于生生（“活”），也在于“为”。“人活着”要通过使用—制造工具的实践操作活动来保障和延续，由此有“度本体”，延伸为合理性，进而积淀、提炼为理性。“情本体”也主要体现于人际的共在互动、人与物的动态交融。

第 311 页：“乐”和“审美”不只是“艺术”，而是整个感性世界的秩序与和谐。美学在这里是“第一哲学”，甚至可以包含政治哲学在内。

此所谓“美学”，面向人类总体生存、实践和创造的整个世界的秩序与和谐，实际上是人类生命生存生活的大艺之道，求真、致善、审美都包括其内。以和谐世界为务的政治哲学，也植根于这样的“第一哲学”。

第 322 页：在人类学历史本体论的框架中阐释“兴于诗，立于礼，成于乐”。“诗”给人以语言智慧的启迪感发，包括各方面知识的掌握和会通，关乎智力结构（理性内构）；“礼”给人以外在规范的培育、训练和熟悉，关乎意志结构（理性凝聚）；“乐”给人以内在心灵的完成，关乎审美结构（理性融化和积淀）。

此段阐释与对张子四句教的阐释，皆可谓六经注我开生面。

第 326 ~ 327 页：时间内感觉意识不是康德那种认识论的，而毋宁是审美的，因为它是本体性的情感的历史感受，时间在这里通过人的实践而具有历史积淀的情感感受意义。时间情感化是华夏文艺和儒家的一个根本特征，是将世界予以内在化的最高层次，这来源于孔子。期待（未来）、状态（现在）、记忆（过去）集于一身的情感的时间，才是活生生的人的生命。这种情感本身成为推动人际生成的本体力量，由此开启孔门以审美代宗教，把超越建立在此岸人际和感性世界之中的华夏哲学—美学的大道。中国艺术是时间的艺术、情感的艺术。

二十五年前的论述，至今仍具启发意义。此后的情本体、审美代宗教等论说，都由此一圈圈拓展、一层层深化，在人类学历史本体论的潜在空间中生长出来而愈发丰富、完整，但基本方向于此处已露端倪。张祥龙先生《孔子的现象学阐释九讲》着力阐发“亲时”“亲子时间”观念，所讲细致深入，见人之所未见。李泽厚关于情感时间内感觉（“情时”）的论述，以及对于亲子关系之轴心地位的强调，可与“亲时”“亲子时间”遥相呼应，其特点在于明白平实。

第 378 ~ 380 页、第 387 页：“理性的神秘”，其中的“神明”是说，宇宙—自然本身就是神明；既不是在宇宙—自然之外有什么超越的、主宰的神，也不是把各种局部的自然现象都当作神，更不是说宇宙—自然有什么神秘原因在背后起作用，使得具体变化和历史演进无法得到解释。“宇宙—自然的物质性协同共在”的无由解释、不很确定而又规律性的行走本身，就是“神明”，以人人均有的有限时空经验为支撑和依托，所以比有言有令的精神性实体存在的“上帝”之类更具有客观社会性，亦即普遍必然性，也比佛家如梦如烟的空幻之感更为优胜。虽然“宇宙—自然的物质性协同共在”也只是逻辑可能和先验幻相，但它比起“上帝”“空”来，以其物质性而与人世关联得更为紧密、自然、直接和丰富，甚至天地神明就行走在“国、亲、师”之中，构成神圣的历史和历史的神圣。正是“国、亲、师”，使不可知解的“宇宙—自然的物质性协同共在”具有坚实丰满的承续。

对传统的“天地”“天道”进行了转化性的现代诠释和再创造。不仅接通科学技术对宇宙自然之秩序、规律的探索，又接通生命审美的秩序感和动态美，而且落实到人人均有的生活感受和经验操作，因而具有无可比拟的客观社会性。这是诉诸人之常情、常理和常识，诉诸历史性的日常生活，比起标举非常存在、非常之情、非常之理的宗教体验和神秘体悟，更为坚实、稳妥、持久，也更具有普遍意义。以儒家为代表的"理性的神秘"，正如第382页所讲，具有较为持续、稳定的心境、情态和体验。这来自日常生活的平凡有序，来自人际的共在共通，来自人与宇宙—自然的物质性协同共在。在平稳可靠、大体相通的生活之中，每人的体会和感受又因其性情、经历和具体情境而个个不同。这样的"和而不同"（协和而殊别），就比种种追求超卓、不凡、独异的非常态体验要更为稳定和长久，也更有亲切平实的生活根基，可安、可居亦可游。人类学历史本体论提出"理性的神秘"，可以看作为人的超越冲动赋予了生活质感和身体骨肉，使之不流于虚幻、空泛、轻飘，使之无论如何高蹈、卓然不凡，都仍然与有血有肉的生活土壤保持亲密关联，而总能从亲切现实中持久汲取营养。

人类学历史本体论的构架，宛如首尾一贯、终始呼应的圆环，放之弥纶天地人、物事情，收之以"活"为本，简易亲切、平实大方；生命圆圈舒卷收放，富有弹性和潜力。始于"度"而终于"情"，人类学历史本体论的起点是以劳动实践、审美体验来把握形式感，终点是不离人世而无比高远的信仰情感，向内提升为"审美代宗教"的个体生存境界，向外推扩为"乐与政通"的人类社会生态。

（载于《社会科学论坛》2012年第12期）

论李泽厚美学思想的人类学走向

张永超

在1956年的美学辩论中李泽厚不满于朱光潜先生和蔡仪先生的美学思想而提出了以人类使用工具为特征、以生产实践为基础的“实践派美学论”。从李泽厚的学术历程看，在20世纪50年代中后期他主要致力于“美是客观的”的论证，他认为：美既不是主观的“移情”也不是对象的“本有”，相反它是人类实践的结果，是“自然人化”的产物，离开人无所谓“美”的存在①，这并非因为离开人，对象因缺乏审美者而消失而是说离开了人便无生产实践，没有生产实践，自然的人化便无从谈起，而没有自然的人化“美”也就不可能产生；朱光潜也强调“美”不能离开人而存在，但他更强调个体“人”的主观性和意识性，这是他与李泽厚的根本区别处，李泽厚强调美的客观性和社会性，认为美的客观性和社会性是统一的。李泽厚认为美的产生是自然人化的结果，也是合目的性与合规律性统一的体现。无论是从辞源学意义去理解，还是从考古人类学去理解美，它都是人使用工具改造自然使其人化的结果。从辞源学角度分析“美”有“羊大为美”和“羊人为美”之说，前者体现了人的功利性而后者则更多含有人类社会性的内容，这也透示出“美”的产生过程，自然功利性逐渐让位于社会功利性并走向“审美”；而考古人类学则揭示出原始“巫舞”本由敬畏、沟通天人的“巫术礼仪”而成为后来为人所欣赏娱乐的“音乐歌舞”，这样由功利性的仪式到客观性的审美便揭示了美既非先人类即有也非为审美者当时

① 李泽厚：《美学论集》，上海：上海文艺出版社，1980年，第4、21页。

所赋予，相反它是在人类生产实践过程中产生的，因此说它是客观的。而说它的社会性是指它的产生离不开人类社会的生产实践，在此角度上讲，美的客观性与社会性是统一的。

一、美的产生

（一）李泽厚美学理论的心理科学依据

李泽厚的美学思想给人较大的印象是他对心理科学成果的引用，这使他的理论更加有说服力，在其美学论著中经常引用的心理学证据有贝尔“有意味的形式”、容格的“原始的集体无意识”、格式塔心理学的“异质同构”或“同形同构”说以及皮亚杰的“儿童心理说”。[①] 贝尔“有意味的形式”是说任何人们认为美的对象都是其中的线条、图形、样式在起作用，它们才是根本，美的意蕴也在于此，因为它们不是简单的、无意义的线条和符号，相反它们是人类一代一代积累下来并赋予其一定意义的形式，所以它们是“有意味的形式”。但是这些“有意味的形式”为什么会产生，又是如何积累起来的，贝尔并未给出合理的解释，所以这种“意味”便很容易走向神秘主义，而且贝尔还不承认“自然美”因为那没有“有意味的形式”，这些构成了贝尔理论的主要缺陷，但其“有意味的形式”此一理论则为心理学界所认可。

容格“原始的集体无意识”。容格认为人类在世代延息中有一些共同的东西积累下来形成人类群体的“集体无意识”，也即我们感觉不到它的存在，但它确实为人们所拥有并且不自觉的向下传承，之所以我们无法解释它是因为它的存在状态是一种“无意识”。其实“集体无意识”和贝尔的“有意味的形式”都在揭示人类社会遗传方面的精神性存在，它们的意义在于肯定了人类文明的递进和传承，只不过贝尔所指的对象是人的对象而容格则直接指向了人自身，事实上二者只有结合起

---

① 参见李泽厚：《李泽厚十年集：美的历程 · 华夏美学 · 美学四讲》，合肥：安徽文艺出版社，1994 年。

来才能起作用，这一点“格式塔心理学”做出了出色的贡献。

格式塔心理学的“异质同构”或“同形同构”说。格式塔心理学代表人物阿海姆认为人与对象之间之所以能发生某种关系，比如能听音乐和欣赏风景是因为人与对象之间虽然不同质但存在某些同构的东西，比如节奏、旋律等，所以人能欣赏它们并产生美感。“异质同构”理论对人为何能产生美感在心理学上向前迈出了关键性的一步，这是可贵的。但是问题在于，为何同是一种生物动物没有像人一样的“异质同构”，或者说为何动物对音乐的反应与人不一样？还有既然是“异质同构”为何我们不对所有的对象“同构”而是仅对一些优美的音乐感兴趣而不是所有的声音？若继续追问“异质同构”是如何成为可能的？要回答这些问题便不得不借助贝尔和容格的理论，因为正是人类机体中存在“意味”和“无意识”，所以人们的审美是有选择性的，事实上人们的“集体无意识”的形成总是对美、真和善的选择而对丑、假和恶的抛弃，所以“异质同构”也必然是选择性的。之所以动物也有简单的“异质同构”比如奶牛听音乐多下奶但不能与人相比是因为“它们只是按自身的尺度生产自身”，这只是一种简单而又初级的本能反应，此种反应与人相比有本质的差别，因为人在实践过程中“可以按各种尺度造形”“因为按人的方式来理解受动，是人的一种享受”①，前者是一种本能后者则是一种目的。上述三种理论的结合可以解释“美感”是如何形成的，但“美”是如何产生的仍是个问题，同样若问“意味”和“无意识”又是如何产生的也依然是一个问题。

皮亚杰的“儿童心理说”。发生认识论是皮亚杰的卓越理论，它从发生学的角度解答人的意识、认识是如何产生的，他以“儿童”作为研究对象，对儿童心理和意识的研究则可以较好地揭示人类认识的发生问题。根据皮亚杰的研究认为“儿童的心理是在两架不同的织布机上编织出来的，而这两架织布机好像是上下层安放着的。儿童头几年最重要的工作是在下面一层完成的。这种工作是儿童自己做的，它在混乱状态

① 马克思：《1844 年经济学哲学手稿》，北京：人民出版社，2001 年，第 85 页。

中吸引着他，而且一切看来会满足他的需要的东西都凝结在这些需要面前了。这就是主观性、欲望、游戏和幻想层。相反，上面一层是一点一滴地在社会环境中构成的，儿童的年龄越大，这种社会的环境的影响越大。这就是客观性、言语、逻辑观念层，总之，现实层。一旦上层的负担过重，它就会弯曲，叽嘎作响乃至崩溃，于是构成上层的这些便落到下层而和原来下层的因素混合起来了。"① 这位瑞士心理学家对儿童的心理的分析无疑是对人类认识形成过程的一种揭示，更可贵的是他还认为儿童心理的形成与外在的活动、操作有很大关系，这一点从人类学角度讲便指的是人类制造工具、使用工具的生产实践活动。可惜的是皮亚杰没有继续走下去，而沿此方向走下去的是李泽厚，他不但参考借鉴了上述所有心理科学方面的理论而且在人类生产实践的基础上使它们得到了新的解释，在使原有的理论缺陷得到克服的同时也焕发了新的理论活力。

（二）美的产生

李泽厚认为人类的意识、心理正是来自生产实践，而从审美角度去看，在生产实践过程中，尤其是在制造工具、使用工具过程中一些有用的东西逐渐为人所看好并接受、保存下来，与此同时它们的社会功利性逐渐消失而成为"美"，"美"的产生决定了"美感"的产生，人类也由那种利用的功利心理转变为欣赏的审美心理。由此角度去看，"美"来自人类社会的生产实践，所以它是社会的，说它是客观的是因为在生产过程中它被确立后相对于任何个人而言都是不可改变的，这也就是通常所说的"不以人的意志为转移"。在这里有两点需要说明的是：第一，说美是社会的，那么它必是生产实践的主体——人类本身所创造的，因为离开某一"人类个体"无关乎美本身，但离开了"人类总体"，"美"将不复存在，所以从历史的角度、从人类总体这一角度看，美又是人类创造的。第二，人们的生产实践不仅创造了"美"而且创

① 王生平：《李泽厚美学思想研究》，沈阳：辽宁人民出版社，1987年，第177页。

造了“审美”的人自身，这便是有美感的人。“美”作为“有意味的形式”或“无意识”在人类世代中延续，用李泽厚的话说便是通过“积淀”得以传袭，其结果之一便表现为人类“文化—心理结构”的形成，有此“心理结构”，“异质同构”才成为可能，此“心理结构”就包含了“集体无意识”。这种“心理结构”于人类总体看是一种“社会的、历史的、理性的东西”的积淀①，而从个体角度看，便是那种感性的直观的东西的培养，说它是培养而成便杜绝了任何的神秘主义解释，同时肯定了“美感”在教育学方面的意义，具体说来便是“欣赏音乐的耳朵”“审美的眼睛”都是可以慢慢培养的而非如有些人所说的先天的审美直觉。若说“美”是“自然的人化”的结果，那么“美感”便是人自身“内在自然人化”的表现。李泽厚的三句教之一“经验变先验”便是对“积淀”说的另一种解释，而他要建立“新感性”说明他在有意识地去“积淀”，或者说指明了“积淀”的归宿。

李泽厚美学思想的理论缺陷。由以上的分析可知李泽厚的美学理论是以唯物实践论为基础的，“自然的人化”又是其最直接的理论支撑点，但我们必须知道马克思的实践论与唯物史观是紧密相连的，也即它们必有两个纬度作为参照：一是人类的纬度，另一是历史的纬度。而李泽厚在运用此理论的时候我发现他没有很好地贯彻下去，说“美是生产实践的结果”并不意味它由生产活动直接产生而更多表现为经历人类的选择功利性的东西逐渐转化为美的东西；另外，说使用工具的生产实践产生了美是就“人类总体”而言的，在哲学上考察生产实践是在一般意义上的总体考察而非对个体活动的逐个分析，在这里也是将人类总体的生产实践视为客观存在而非将主观性极强的个体活动作为参照，我们说美是客观的不因人的意志为转移也是指不因某个人的意志为转移而非人类总体。李泽厚实践美学的理论弱点之一便表现在人类总体与个体的关系上，同样是“人”，有时指“人类总体”，有时又指“人类个体”，他论证美的社会性时多用“人类总体”的生产实践，而在论证其客观

① 李泽厚：《李泽厚哲学美学文选》，长沙：湖南人民出版社，1985 年，第 385 页。

性时则多用“人类个体”作为反例，而事实上这种文字上的游戏并不能克服他的理论弱点，但他要论证自己的观点又必须将此种语言游戏继续下去。

美是客观的存在，但李泽厚说它是“物质性的客观存在”则是错误的，我认为这正是造成李理论弱点的主要原因。第一，美是人类产生之后才有的，而一旦没有了人便没有美存在，美必定是与人类共存的，但物质性的存在比如泰山，它与人无关，即便是人类制造的桌子，离开了人类它依然存在，这是我们理解的物质性存在，但美不具有“离人性”，注意，这里的人指的是人类总体而非个人。说“美”的“不离人性”并非否定美是客观的，因为人类总体也是一种客观存在。第二，存在包括物质性存在和精神性的存在。所以说某某存在不一定就指它必然是物质性的，而精神性存在无论是对个体还是对人类总体都可适用，所以说美是人类的精神性存在而绝非是物质性存在，说它是客观的因为它是人类的，说它的客观性也是指它的人类总体性而非其物质性。第三，美不具有物质性还在于它是必须依存于另一种物质性客体而存在的，这便是李泽厚所说“自然属性”也即美的“自然形象”，但是物质性的根本特性在于其自在性，它不必然依赖于另一种物质性客体而存在，但是美离开了它的自然属性也就不存在了，所以由此可以反证出它不是物质性的，但是它一旦依存于其自然属性就不因个体的审美情趣而改变，在这一意义上才说它是一种客观存在。

李泽厚将美与其自然属性比作“内容”与“形式”的关系，好比一幅画，纸张、油墨是形式，而内存于其中的美则是内容，这是奇怪的，因为纸张是一种物质性存在，但在这里却成了形式，而看不见、摸不着的“美”却成了内容，这与亚里士多德的“形式因”和“质料因”有惊人的相似，在这里美是“形式因”是内容，纸张是“质料因”是形式，但是能否说美就等同于亚氏的“形式因”或者说是柏拉图的“理念”呢？回答是否定的，“理念”在柏拉图那里也是一种客观存在，但是他绝不认为它具有社会性，因为它是先天的；他更不会承认它是物质的因为物质性的东西在他看来只是理念的“幻象”或“影子”，同是一种客观存在李泽厚的“美”不等于“理念”区别正在于此两点，一方面，美是“自然人化”的结果，所以不是先天的而是来自人类社会；另一方面，生产实践及其物质因素才是根本而不是美，物质不是美的影像，美却是生产实践的结果①。

“积淀”在美学上只能是指精神性的东西，人类文化—心理结构的形成是“积淀”的结果，个人的文化—心理结构也是“积淀”的结果，但它们都是“精神性”的传承，其实李泽厚的“积淀”说有两个循环过程，一是个体心理意识逐渐形成或积淀为群体的共识，这便是人类的文化—心理结构，也可称它为“理念”，但它由人类的生产实践活动决定而不是先天的；二是新生个体逐渐培养积淀形成自己的文化—心理结构，也即对“理念”的分有和发展，此两个过程相互渗透，“理念”的形成离不开“个体意识”，“个体观念”的培养也离不开“理念”，无论是“个体观念”还是“理念”都是变化发展的且最终都由人类的生产实践决定。所以李泽厚将美视为社会性的客观存在并不错，但说它是一种物质性的客观存在则造成了他理论上的论证困境。

二、美感的形成

理解了美是一种精神性的客观存在，它其实也是“集体无意识”的一部分，它必须依存于物质性的东西，而这种物质性的东西便是美的具体形象，美感则是对这种具有形象性物体的美的反映。美感是一种感觉但又是一种非同一般的感觉，具体说来便是“花红”与“花美”的区别，也是“快感”与“美感”的区别。美感的形成除与外界的客观美有关外还与审美主体有关，这里需要注意的是，“美感”多是就个体而言的，所以说它是主观的、易变的和不稳定的。当然说美感多是指个人的，也并非说所有人类个体的美感无任何统一处，其实就一般意义而言不是说人类全体而是人类群体在任一历史时期都有共识，也即都有一

① 李泽厚：《美学论集》，上海：上海文艺出版社，1980年，第89页。

致的美感，比如齐白石的画、李白的诗和王羲之的字，我们大都认为它是美的，但是此种美感一旦凝聚成了美也就作为一种群体意识而存在了，所以它是客观的，这便有别于个体的“美感”。

这里有两个问题，第一，集体意识并非全体意识，这具体表现为认为李白诗不美的人也是有的，但是集体无意识不会因几个个体的反对而消失，所以它是客观的，我们说它不因个人的意志为转移正是这个意思；第二，集体意识是大多数相同或相似个体意识的提升和凝聚，同样它也会因大多数个体意识的摈弃而消失，所以历史上曾经美的东西现在我们则认为不美了；除此外集体意识的形成也有个体先后的差别，有些情况下个体确实起了决定性的作用，但是集体意识的形成是必须通过大多数个体达成一致的。让我们再回到“美感”问题，美感的形成是根源于人类早期制造、使用工具的生产实践，这具体表现为“人类自身的人化”，李泽厚将人类自身内在自然的人化又分为“感官的人化”和“情感人化”，前者具体表现为人的眼睛、耳朵等由早期捕猎时的灵敏尖锐而逐渐变为无敌意、无恐惧和欣赏的，用李泽厚的话说便是功利性的消失和社会性的产生，这也就是他所说的感官的社会性或感性的社会性，这里需要指出的是说“感官的人化”并非功利性的完全消失，其中有一个历史选择的问题，事实上它作为今人需要的功利性将一直存在如眼睛的读书、认路功能，而审美只是随着人类的进步而逐渐形成的一种新感性，它与选择的功利性并不冲突，而且一定时期它也不是感官的主要属性，但这些追根溯源都决定于人类的生产实践；“情感的人化”与“感官的人化”是紧密相连的，在李泽厚那里“情感的人化”主要指人类由本能的性到富有情感的爱，由本能的行为发展的到人类的情感、心理和社会约束，这里需要说明的是尽管我们承认“感官的人化”和“情感的人化”，但我们丝毫不否认人类自身尚存的“本能性”的东西，所以并非任何人都有审美的眼睛，也并非任何人的情感都是美妙的爱情，在这里“感官的人化”和“情感的人化”是指一个正在培养中的动态过程，就人类来讲它是随着生产实践逐渐实现的，现实中它也必然是参差不齐的；就个体而言，自诞生之日起也有个对外界环境的适应和受教育过程，所以对个体还是对人类来讲“美感”的培养都是“进行时”而非“完成时”。这样，有美的客观存在又有了个体的审美感官和情感，美感的产生便自然而然了，换句话说，失去了任何一方美感都无法产生。

总之，美不是一种物质性存在而是一种精神性存在，也即它是人类群体的“集体无意识”（就其人类文化对个体的先在层次而言），所以相对于个体而言它是客观的；又因为这种“精神性存在”归根结底是人类生产实践的反映，所以它是社会的，这里的“反映”并非是直接的而是就其最终意义而言的；而美感是个体对美的反映，因为美并非是物质性存在，所以美感直接表现为对承载有美的具体形象的反映，美感的产生还由于个人“感官的人化”和“情感的人化”，这两者也是因为人类使用工具的生产实践而产生的，所以美与美感，最终都由人类制造、使用工具的生产实践的决定。美与美感的关系可以这样说：美是人类的“美感”，所以是客观的，而美感则是个人的，所以是主观的，美与美感都是可变的，美的改变直接受人类多数个体的审美志趣影响，而美感则直接与审美个体的意志、心理、心情、素养相关，但就其最终意义来讲都由制造、使用工具的人类生产实践所决定。

三、论新感性的建立

李泽厚在谈到美感时说：“从主体性实践哲学或人类学本体论来看美感，这是一个建立‘新感性’的问题，所谓‘建立新感性’也就是建立起人类心理本体，又特别是其中的情感本体。”① 这里讲的“新感性”也正是以李泽厚的“积淀说”为基础的，“积淀说”是为解决社会的东西如何表现在个体中，历史地东西怎样表现在心理中而提出的，这仍是本文以上所谈及的个体与人类群体的关系问题，在这里“积淀”

① 李泽厚：《李泽厚十年集：美的历程·华夏美学·美学四讲》，合肥：安徽文艺出版社，1994 年，第 493 页。

表现为二者的双向互动而绝非仅指个体的单向积累，在这一双向循环中既有社会的、历史的、理性的东西积累沉淀为一种个体的、直观的、感性的东西，也有个体的、感性的逐渐上升为群体意志、心理而沉积下来，前者若称为“自然的人化”，后者则是“社会的人化”，前者是社会对个体的培养和塑造，后者则是个体对社会的影响和完善，以此为基础，“新感性”的建立才是可能的和完满的。

在谈了美和美感的产生之后，李泽厚则自然而然地转向了“建立新感性”的研究。由此可见，李泽厚的“新感性”思想是他的美学之最终归宿，也即他在前提中肯定人类生产实践的最终决定意义，在此基础上产生了“美”和“美感”，那么这一路径不但杜绝了“美”和“美感”的神秘主义解释而且指明了它们的产生正是“自然人化”的结果，既然“美”是人类创造的，“美感”也是“内在自然人化”的结果，那么我们要自觉地建立、培养“审美的感官”便是合理的，也是可能的，所以建立“新感性”成了一种积极的向往，因为“新感性”的培养使人由本能生活的人而成为一个审美的人，也即使人经由认识、伦理而走向审美，所以我将建立“新感性”视为李泽厚的美学归宿，而且他的“积淀”说、“自然人化”说都不仅仅是一种解释的理论，而是一种建设的理论，建设的方向便是指向“新感性”的建立。

建立“新感性”，使人成为一个审美的人，这便显而易见地看出其教育学上的价值，而且这里指的正是“美育”，我们不是为生存而生活，相反我们要快乐的生活，这样的生活散发着美，我们为美而活。这也是现时代物质生活日益丰裕而人们的情感世界日益孤独、冷漠、无助，即李泽厚所说的“散文时代”到来后人类生活的唯一出路。人类的生活必由艰辛、紧张走向审美和快乐。

建立“新感性”的另一个意义便是对个体的重视。谈唯物史观、实践论都是以历史和人类为纬度的，相对于历史，某一年代无足轻重；相对于人类，某一个体微不足道；相对于必然，偶然不值一提；然而历史是年年相继的，人类是由个体组成的，必然是由偶然开辟道路的，所以我们最终关注的对象必是现时代、个体和偶然，建设的起点和落脚点也是个体，个体才是可感的实在，因此在这一意义上说“个体才是根本的”。而李泽厚的美学在谈了历史和人类之后最终又回到了这一实在：人类个体，我认为这是对个体“主体性”的关注和向“人类个体”的回归。李泽厚的“美学人类学走向”正为此意，不是走向人类总体而是走向人类个体，不是走向理性的抽象而是走向感性的具体，李泽厚的美学意义也正体现在这里。

（载于《郑州航空工业管理学院学报》2010 年第 1 期）

李泽厚美学思想的文化背景与当代价值

赵士林

李泽厚是当代中国人文社会科学学者中最有学术原创性的哲学家、思想史家与美学家。

本文力图深入地分析李泽厚美学思想形成的时代条件、历史因缘与文化背景，指出了当代中国20世纪五六十年代的美学大讨论和20世纪80年代掀起的美学热，作为突出的学术文化现象，各有不同的时代原因、问题意识和思想局限。李泽厚关于美本质问题的“客观社会论”在20世纪五六十年代崛起为一大美学流派，体现了学术的创造性与哲学智慧，保证了美学大讨论的学术品质与理论水平，但不能不受到当时思想界整体状况的限制。思维对存在的苏式马克思主义的约束，不能不从根本上桎梏李泽厚美学建构的创造性。20世纪80年代以来，李泽厚则以主体性实践哲学（“人类学历史本体论”）为学术基础与理论构架，空前系统地展开了他的美学建构与文化学开拓，发生了巨大的社会影响。

本文的学术视野不是仅仅停留于对李泽厚美学思想的关注，而是力图通过对李泽厚美学思想的系统解析，深入地揭示其时代背景、哲学深度与文化学价值。

李泽厚首先是一位哲学家，是一位在很难出现哲学家的年代里出现的哲学家。他的哲学思想有类似康德的丰富的完满性，有类似黑格尔的宏大的历史感，更闪烁着马克思的彻底科学精神。李泽厚还是一位思想史家，他在最深的层面上把握了中国人的灵魂、风神、智慧，在他那里可以找到从孔夫子到鲁迅的最真实的思想脉络。然而李泽厚师仅仅作为美学家，就已使“少年高旷豪举之士多乐慕之，后学如狂”。（沈啧：《近事丛残》评李贽语）他是一位真正具有当代精神的学者，理趣情思、风神品貌，都表现出当代的深度、当代的美。

一、何以掀起美学热

在1988年出版的拙著《当代中国美学研究概述》中，我曾这样描述当代中国美学的研究状况：“当代中国美学，大概是当代中国学术最热闹也最诱人的园地。20世纪五六十年代的大讨论，是一次真正的百家争鸣。中经十年断层，又迅速形成一种更广泛、更深入的‘热门’局面，旧账未了，又启新端，派系之多，观点之繁，争论之烈，深浅之差，影响之大，都是极突出的。”①

20世纪五六十年代的“美学大讨论”与20世纪80年代伊始美学学科成为“显学”，堪称当代中国学术界出现的两次“美学热”。关于两次美学热的学科发展状况，上述拙著已有论列，本文感兴趣的是，当代中国，何以能够发生两次美学热？它们背后的社会的、时代的、文化的原因是什么？从社会学、学术史的角度看，美学热能够留给我们什么样的启示？

之所以提出这些问题，是因为美学在当代中国竟然能够掀起两次热潮，无论从学科自身的时代命运来看（国外），还是从学科发展的社会条件来看（国内），都是十分独特、引人注目的文化现象。

从国外看，众所周知，美学、特别是美的哲学在当代西方早已是受冷落的学科，甚至可以说，20世纪分析的时代开始后，西方已经没有传统意义的美学（美的哲学），而只有艺术分析、艺术批评、艺术理论。西方马克思主义的文化批判理论尽管具有强烈的美学意味，但它与传统的美的哲学已有了划时代的区别。奉行斯大林主义的苏联对美学问题的关注似乎也没有掀起什么热潮。但偏巧在中国，却掀起了一场专门

① 赵士林：《当代中国美学研究概述》，天津：天津教育出版社，1998年，第4页。

讨论美的哲学的核心问题——美的本质问题的大讨论。

从国内看，情况就更加引人注目。还有比细胞、天体、计算机更"超越"的吗？但它们又何曾逃脱批判的命运？在中国20世纪五六十年代，由于"极左"政治的统治，斯大林主义的意识形态要求，学术文化已完全定于一尊，完全成为政治意志的传声筒。一次又一次的学术批判，从专业的批判演变成政治的批判（从毛泽东批《武训传》开始用政治批判解决学术问题），从批判的武器升级为武器的批判（从整治"胡风反革命集团"开始动用国家暴力机器迫害文化人），新老学人无不心惊肉跳，如履薄冰。开展美学大讨论的1956—1964年，正是从反右运动到四清运动的极左政治运动一波未平，一波又起的恶性发作时期，尽管政治运动、思想批判尚未达到"文革"那样的极端疯狂状态，但每次整肃，知识分子都是首当其冲的打压对象，[①] 学术研究已不敢越雷池一步，学术界已基本成为统一的意识形态要求的自觉、驯顺的工具。第一次"美学热"，恰好就出现在如此严重的社会、政治的高压氛围中。当其时，其他学科领域的政治批判风起云涌，哲学界批判冯友兰的"抽象继承论"、杨献珍的"合二而一"论，史学界批判周谷城的"时代精神汇合论"、翦伯赞的"历史主义""让步政策"论，经济学界批判马寅初的"新人口论"、孙冶芳的所谓"修正主义利润挂帅"，……文艺界更不用说，一大批戏剧电影被打成了毒草（京剧《李慧娘》《谢瑶环》，电影《早春二月》《北国江南》《林家铺子》《不夜城》《革命家庭》《兵临城下》《红日》等）。但唯独美学，却几乎没有受到直接的政治冲击。以政治批判与构陷知识分子发迹的姚文元在美学大讨论中也写了几篇文章，但他当时只是以普通文化人的身份参与美学大讨论。尽管他当时的观点就已很"左"，但尚未套上大批判的战车。他的观点较之大讨论中某些观点，也并不"左"得特别刺眼。高尔泰由于主张美本质的主观论被打成右派，但仅此一例，并没有影响讨论的

① 参见赵士林：《李泽厚与当代美学思潮》，载王宁主编：《文学理论前沿》第四辑，北京：北京大学出版社，2007年，第270页。

持续进行。

在“文革”前的学术环境中，一个和哲学那样接近，甚至就是哲学的一个分支的人文学科能够掀起那样持久的热潮①，而没有受到对文化、学术、特别是哲学具有特殊热情的毛泽东以及他的意识形态助手们的干预、批判，是侥幸？是偶然？还是奇迹？

到了20世纪80年代，改革开放之初百废待举、举国上下“以经济建设为中心”的时候，不是经济学等别的似乎更“管用”的学科，又偏巧是美学率先成了学子纷纷向往的显学。据我的亲身经历，20世纪80年代初的北京大学，在各专业的研究生招生与公共选修课中，美学专业总是名列前茅；李泽厚著《美的历程》，大学生们几乎人手一册；“美学译文丛书”成为新时期西学东渐的先锋，是当年最畅销的丛书……

原因何在？

二、鱼缸里的波澜

先来看第一次“美学热”——20世纪五六十年代的美学大讨论。

《思辨的想象》回顾美学大讨论时分析道：“尽管这场讨论有诸多的政治前提和限制，但毕竟它是一场学术讨论，而没有完全像当时其他的学科和领域的所谓学术讨论一样变成一种政治批判。这可以说是新中国前三十年学术史上的一个奇迹。……这个奇迹之所以发生在美学领域，和美学本身所具有的超越性质有直接的关系，还与当时参加讨论的人们，尤其是从一开始就被当作资产阶级反动美学思想的代言人、唯心主义美学思想的所有者来批判的朱光潜先生那深厚的学养、严谨的学风和他那坚持真理、不唯上、不畏强权的勇敢精神有关。”② 有道理，但

---

① 据不完全统计，1954—1964年的9年间，参加讨论者近百人，发表论文约三百篇，后变成文集《美学问题讨论集》。

② 聂振斌等：《思辨的想象——20世纪中国美学主题史》，昆明：云南大学出版社，2003年，第245页。

不尽然。

“美学本身所具有的超越性质”是美学大讨论幸免于政治批判的直接原因吗？李泽厚也有类似的分析：在中国，美学与讲究党性、政治的“哲学”关系疏远，所以能够成为自由运用智力的游戏场所。那么，就对于政治、对于党性的“超越”或“疏远”来看，没有任何阶级性的自然科学不是更超越、更疏远吗？但就是在自然科学领域，从新中国成立初到“文革”，竟搞了三十多次批判，批判的荒唐野蛮令人瞠目结舌：在遗传学领域，否定摩尔根学派，认为它是“反动的”“唯心主义观点”；在宇宙学领域，把宇宙学研究的有限、无限之争，粗暴地定性为形而上学与辩证法之争；在生物学领域，大批分子生物学，指责分子生物学创始人薛定谔搞“现代还原论”，“最后把一切还原为上帝的精英杰作”“完全符合于资产阶级的政治需要”；在医学领域，将德国著名医学家威尔和的细胞病理学定性为“形而上学局部论”，威尔和则被打成“马克思主义哲学的凶恶敌人”；在天体物理学领域，黑洞理论被视为“资产阶级伪科学的标本”和“预言宇宙末日的谬论”；把大爆炸宇宙论作为唯心主义典型进行批判，认为它“本质上只能适应宗教的需要，适应反动势力从精神上麻痹人民的需要”；大批科学巨匠爱因斯坦，说他是“本世纪以来自然科学领域中最大的资产阶级反动学术权威”，相对论则被诬为“地地道道的主观主义和诡辩论”。此外，心理学、控制论、共振论等学科被斥为“伪科学”，批判电子计算机的说法更令人咂舌：“资产阶级把电子计算机吹的那么出神入化，其实是把计算机看成他们自己的化身，或者把他们自己看成计算机的代表，用以骗人骗己，麻痹人民的意志，转移阶级斗争的方向。”

就“深厚的学养、严谨的学风”和“坚持真理、不唯上、不畏强权的勇敢精神”来说，许多遭到批判的学者与朱光潜表现的同样出色，甚至更加无畏。例如梁漱溟，仅因说农民太苦，希望少收农民一点税，就受到毛泽东的批评，他居然敢要毛泽东收回批评，并叫号说看你毛泽东有没有这个“雅量”。如果说梁漱溟因为和毛泽东曾是朋友才这样勇敢，那么主张“新人口论”的马寅初面对险些被打成右派的危难，面对康生与陈伯达等炙手可热的大员秉承毛泽东意旨的批判与威胁，面对越来越严重的压力，却仍大义凛然地宣告："我虽年近八十，明知寡不敌众，自当单身匹马，出来应战，直至战死为止，绝不向专以力压服，不以理说服的那种批判者们投降"，"不怕坐牢，不怕油锅炸，即使牺牲自己的性命也在所不惜"。还有孙冶芳，面对康生无赖式的斥责："小小的一个经济所长，竟敢鼓吹利润挂帅"，他毫不畏惧，针锋相对："我主张赤裸裸地交代自己的观点，想了什么，就说什么。我不管有的同志一讲到资金利润率，就说是修正主义观点（这样就没法讨论下去），也不管人家在那给我敲警钟，提警告，我今天还要在这里坚持自己的意见，以后也不准备检讨"。

梁漱溟、马寅初、孙冶芳，哪一个没有"坚持真理、不唯上、不畏强权的勇敢精神"呢？他们甚至更勇敢，遭到批判后仍旗帜鲜明、毫不妥协地坚持自己的观点。但他们注定要为此付出巨大的代价，而不会获得一点点学术自由。梁漱溟非但没有体验到老朋友毛泽东的"雅量"，反而遭到毛的痛斥："梁漱溟是用笔杆子杀人"的伪君子、"反动透顶"，"是为了反对马克思主义才'致力'佛学、儒家和柏格森的反动思想"，应"交代清楚他的反人民的反动思想的历史发展过程"。从1953年到1955年，梁漱溟遭到连续三年的铺天盖地的政治讨伐。马寅初同样遭到连续三年之久（1958年到1960年）的口诛笔伐，并被迫辞去北京大学校长职务。孙冶芳不仅被戴上"中国经济学界最大的修正主义分子"的帽子，撤销中国科学院经济研究所所长的职务，甚至被诬为与张闻天（时任经济研究所研究员）结成的"反党联盟"的头头。

之所以不厌其详地举出上面的例子，是要说明，当时的政治氛围、文化政策，绝不会因为学科"超越"或学者勇敢而获得哪怕是极有限的学术自由。那么，美学大讨论何以那样幸运，能够在一个学术定于一尊、学者动辄得咎的时代热烈地讨论了八年之久呢？

首先应注意到，新中国成立后的"美学大讨论"围绕的主要课题是美的哲学中的美本质问题。这和当时的时代要求、社会氛围、政治主题具有内在的联系。"美学大讨论"其实就是在美学领域落实、推演

“思维对存在”的官方哲学的问题意识，批判唯心主义，确立唯物主义，强化苏式马克思主义——斯大林化的“辩证唯物主义与历史唯物主义”哲学观的一家独尊的地位。这个意识形态的基本要求十分明确，所有参加讨论的美学家们也都十分自觉地迎合或说配合了这种意识形态要求。

正是在这一意识形态要求的根本制约下，“美学大讨论”肇端于蔡仪对中国的美学泰斗——朱光潜建国前美学思想的批判，就一点也不偶然了。这个大讨论的初衷很有点算旧账的味道——20 世纪 40 年代，蔡仪亦曾以“唯物主义”美学批判过朱光潜的“唯心主义”美学，蔡之前，周扬在 1937 年撰写的《我们需要新的美学》中，也曾批判朱光潜的“观念论”美学。但在新中国成立前，马克思主义的唯物主义美学自然没有政治条件对朱光潜以及其他美学家的唯心主义进行压倒性的、毁灭性的打击。因此，美学大讨论开始时对朱光潜的学术批判，实际上带有在美学领域进行思想清算与整肃的性质。尽管批判完全是在学界由学者进行，但仍带有政治意味甚至政治威胁，它不可能摆脱那个时代的阴影。如黄药眠批判朱光潜文章的题目《论食利者的美学》，换个说法就是“论剥削阶级的美学”，朱光潜自我批判的文章则题为《我的文艺思想的反动性》，政治色彩再鲜明不过，而朱光潜深知如果不搞这种自虐式的政治意味的上纲上线，就肯定过不了关，甚至招致更猛烈的批判。朱光潜之所以在美学大讨论初期对他的批判中幸免于政治讨伐，没有被剥夺话语权，甚至还有“资格”平等地参与了美学大讨论，与其说是由于他的“勇敢精神”，不如说是由于他的“巧妙智慧”。他的《美学怎样才能既是唯物的又是辩证的》可谓用心良苦。一方面，作为中国现代史上最专业、最有代表性的美学家，朱光潜对美的本质问题有着自己深信不疑的主见；另一方面，为了适应 20 世纪 50 年代的意识形态要求，他又娴熟地运用着主流话语，既不露痕迹地坚持了自己的学术观点，又避免了思想清算乃至政治批判。朱光潜的极富智慧而又无可奈何的策略，应该是美学大讨论得以热烈展开却没有遭到政治干预的重要原因之一。

可以从大讨论中的一个案例——吕荧的观点及朱光潜对他的批评中，见出那场大讨论的参与者是在如何自觉地、严格地甚至不顾逻辑地遵循根本的意识形态要求。

作为大讨论中仅有的两位主观论的代表之一——吕荧这样阐释自己关于美本质的见解："美，这是人人都知道的，但是对于美的看法，并不是所有的人都相同的。同是一个东西，有的人会认为美，有的人会认为不美，甚至于同一个人，他对美的看法在生活过程中也会发生变化，原先认为美的，后来会认为不美；原先认为不美的，后来会认为美。所以美是物在人的主观中的反映，是一种观念。"①

但值得注意的是，吕荧并不承认自己的这一观点是主观论，他认为主张美是一种观念仍可以是客观论，因为美的观念背后有一个社会生活的客观基础。他强调这个基础说："美是人的一种观念，而任何观念，都是以社会生活为基础而形成的，都是社会的产物，社会的观念。'经济发展是社会生活的物质基础，是它的内容，而法律——政治的和宗教的——哲学的发展却是这个内容的思想形式，是它的上层建筑'，美的观念也是如此。"②

在吕荧看来，美的观念为社会存在所决定，"这就是美的观念的客观性"③。

吕荧的分析显然有一个逻辑错误，就是把观念来源的客观性当成观念的客观性。由于这一逻辑错误，他所理解的"美是观念"的客观论实际上不能成立，"美是观念"实质上是一种有关美本质的主观论。

我们关注的是，为什么一种对美本质的显然是"主观论"的理解，偏偏要自觉不自觉地违反逻辑，给自己戴上"客观论"的帽子呢？这是因为，在当时的主流话语中，主观论往往就相当于唯心主义，客观论则相当于唯物主义。吕荧不管自觉还是不自觉，总之是要避免唯心主义的嫌疑，才将自己的"主观论"硬说成是"客观论"。

---

① 吕荧：《美学书怀》，北京：作家出版社，1995 年，第 117 页。

② 同上。

③ 文艺报编辑部：《美学问题讨论集》（第四集），北京：作家出版社，1960 年，第 5 页。

耐人寻味的是朱光潜对吕荧的批评：“‘美的观念’是否就等于‘美’呢？说二者相等，就无异于说‘花的观念’就等于‘花’。谁都可以看出，这是彻头彻尾的主观唯心主义。尽管你承认‘花的观念’由客观决定，这也不能挽救你，使你摆脱唯心主义，因为你毕竟肯定了意识（美的观念）就是存在（美），把观念代替了存在。依吕荧的逻辑，只要有‘美的观念’，就有‘美’，我们大可睡在床上把眼睛闭起，让‘美的观念’在脑里打转，于是艺术美、社会美、自然美等‘万美皆备于我’了。”①

朱光潜对吕荧的批评可谓入室操戈。曾几何时，朱光潜自己还在精彩得多地表述着对美本质的类似理解！当然，即便在新中国成立前，朱光潜也从来不简单地讲“美”就是“美的观念”，他用自己著名的“心物关系说”来阐释美的本质：“美不仅在物，亦不仅在心，它在心与物的关系上面；但这种关系并不如康德和一般人所想象的，在物为刺激，在心为感受；它是心借物的形象来表现情趣。世间并没有天生自在、俯拾即是的美，凡是美都要经过心灵的创造……在美感经验中，我们需见到一个意向或形象，这种‘见’就是直觉或创造；所见到的意象需恰好传出一种特殊的情趣，这种‘传’就是表现或象征；见出意象恰好表现情趣，就是审美或欣赏。创造是表现情趣于意象，可以说是情趣的意象化；欣赏是因意象而见情趣，可以说是意象的情趣化。美就是情趣意象化或意象情趣化时心中所觉到的‘恰好’的快感。‘美’是一个形容词，它所形容的对象不是生来就是名词的‘心’或‘物’，而是动词转化成名词的‘表现’或‘创造’。”②

尽管没有简单地讲美就是美的观念，但美是“心借物的形象来表现情趣”“凡是美都要经过心灵的创造”“美就是情趣意象化或意象情趣化时心中所觉到的‘恰好’的快感”云云，不是“美的观念”又是什么呢？如果说肯定了“物”的一面在形成美时的作用就避免了主观论

---

① 朱光潜：《朱光潜美学文集》（第三卷），上海：上海文艺出版社，1983 年，第 92 页。
② 朱光潜：《文艺心理学》，上海：复旦大学出版社，2005 年，第 140 ~ 141 页。

乃至主观唯心主义，那么直截了当地、彻底地主张美本质的主观论的高尔泰何尝没有注意“物”的一面！如他在解释特定的美感何以表现于特定的物象时，就曾指出：“人不可能凭空获得美。人和对象之间少了一方，便不可能产生美。美必须体现在一定物象上，这物象之所以成为所谓‘美的’物象，有赖于对象的一定条件（例如和谐）。”① 但是高尔泰并没有由此放弃自己关于美本质的看法，他还是十分坚定地主张主观论：“但是这条件不是美。正如不平引起愤怒，但不平不等于愤怒；不幸引起同情，但不幸不等于同情。人们不明白这一点，把引起美的条件称为美，这是错误的。”②

当然，新中国成立后，参加美学大讨论时的朱光潜，已经痛切地反省、鞭挞了自己的美学思想的唯心主义性质。但值得注意的是，朱光潜仍保留自己的“心物关系说”，不过强调自己已经不是将心物关系归结到心上，而是将心物关系建立在马克思主义的意识形态论和劳动实践论上，从而将心物关系说转换成了主客统一论。

朱光潜小心翼翼地、煞费苦心地使自己一方面避开主观唯心主义的嫌疑（通过批评吕荧和自己新中国成立前的美学思想），一方面又使用主流话语曲折地表述着自己的见解。尽管他建立主客统一论的学术苦心从学理逻辑上看，如同当时批评他的李泽厚等人所指出的那样，最后还是要走向主观论，但是他将所谓“主观”反复地、巧妙地解释为马克思主义的实践的能动性与创造性，就抹去了主观的唯心主义色彩，而获得了马克思主义的意识形态的合法性：我讲的客观明摆着是马克思主义的唯物主义，我讲的主观则是马克思主义的实践的能动性与创造性，主客观相统一，就是马克思主义的辩证法，这样，美学就能既是唯物的又是辩证的。对于自己所坚持的“泛艺术美”论（只有一种美，那就是艺术美，自然美也是经过人类心灵营造的艺术美），朱光潜也转换了阐释角度，将它十分明确地建立在马克思主义的生产实践论的基础之上：

---

① 高尔基：《论美》，兰州：甘肃人民出版社，1982 年，第 2 ~ 3 页。

② 同上。

艺术是一种生产实践，生产实践是主客统一的，那么艺术美（=）美自然也是主客统一的。

当然，绝不能将朱光潜对马克思主义主流话语的运用完全看成某种掩饰自己美学思想的策略。新中国成立后对马克思主义的或被迫或自觉的学习，非常可能使朱光潜从政治思想到学术思想都受到了真正的触动、影响与转化。但本书关注的仅仅是，不管朱光潜是否真诚地接受了马克思主义，他将马克思主义的相关理论系统、理论语言嫁接到自己的美学思想上确乎是相当成功的。这样，他既成功地保护了自己，在遭受批判的严峻形势下仍获得了话语权，又在一定程度上坚持了自己的思想。还应强调指出的是，朱光潜在美学大讨论中绝不仅仅是被动地运用主流话语来保护自己，作为一位学养深厚、治学严谨的学界耆宿，他在援引马克思主义阐释美学问题时，也经常表现出自己的独立思考与创造性。如他对美学不能只是一种认识论而且还是一种生产劳动的阐释，对美学的哲学基础除了列宁在《唯物主义与经验批判主义》提出的反映论之外，还应加上马克思主义的意识形态论的主张，尽管从语义表述到理论逻辑都不无问题（李泽厚当时就提出了批评，朱光潜也立刻作了修正），但却毋庸置疑地表现出某种不乏深度的学术探索精神。朱光潜的这种精神，对保证美学大讨论的学术性质与理论水准，应说是发挥了举足轻重的作用。

美学大讨论得以顺利开展，并在当时的条件下保证了十分难得的学术质量的另一个重要原因，就是在这场讨论中诞生的最有创见性的学派——客观社会论的实践美学的首倡者李泽厚的学术贡献。一方面，李泽厚高举着马克思主义的实践大旗，以马克思的《1844 年经济学哲学手稿》为理论依据，这面旗帜堂堂皇皇，绝对符合主流意识形态的经典要求（蔡仪等对《1844 年经济学哲学手稿》的贬低并没能影响它的意识形态的经典地位）。前面提到的周扬 1937 年撰写的文章《我们需要新的美学》，在援引别车杜的美学思想时就已初步地（或许是不经意地）提出了实践的美学观：“无论是客观的艺术品，或是主观的审美能力，都不是本来有的，而是从人类的实践过程所产生。”周扬当时甚至注意到马克思的《1844年经济学哲学手稿》。[1] 前苏联美学家列昂尼德·斯托洛维奇在斯大林时代末期（1950—1954）曾发文主张审美属性具有社会客观性。[2] 尽管立意不同，毛泽东自己最著名的哲学著作之一就是《实践论》。因此实践美学高举的哲学旗帜既符合苏式马克思主义的要求，又深契中国革命（包括革命文化）的理论传统。而另一方面，李泽厚又以自己的天才创意，克服了“统治思想”在御用文人那里经常表现出来的语言机械、呆板，思想僵化、霸道的面貌，将实践范畴发挥得淋漓尽致，重新发现与阐释了《1844年经济学哲学手稿》中“人化自然”思想的美学价值，最大限度地挖掘与展示了马克思主义实践学说的生命力。因此，当时中共的党内“秀才”康生与文化主管周扬都十分欣赏李泽厚确乎是其来有自。经李泽厚创造性地构建的“实践美学”是比较具有哲学气质和理论深度的美学思想，它对美学大讨论能够体现较高学术水准发挥了决定性的作用，但更重要的是，它也完全是苏式马克思主义哲学的美学说明，这是美学大讨论得以顺利开展的根本前提。正是由于这样一个前提的限制，客观社会论的实践美学在大讨论中很难再进一步创新，并且也不可避免地表现出先天的理论缺陷：简单地继承黑格尔以来的认识论走向，以斯大林（《联共布党史》中斯大林所撰写的《辩证唯物主义与历史唯物主义》章）歪曲与强化的马克思主义所提出的哲学基本问题：思维对存在的关系问题作为哲学思考的不容置疑的出发点，并进而作为美学讨论的圭臬。

前面提到的李泽厚对朱光潜所阐释的列宁《唯物主义与经验批判主义》反映论的批评，就是一个很能说明问题的例子。朱光潜出于自己的深厚美学素养和艺术敏感，深刻地认识到认识论绝不能涵盖全部美学问题，反映论更不能阐释清楚审美经验。总之，将思维对存在的关系机械地推演到美学领域，将美与美感的关系、特别是将艺术创造与现实生活

---

① 参见周辉军：《周扬现象初探》，载王蒙、袁鹰主编：《忆周扬》，呼和浩特：内蒙古人民出版社，1980年。

② 列昂尼德·斯托洛维奇：《审美价值的本质》，中译本再版前言，载《美与时代》，2004年5月下。

的关系一律解释为反映与被反映的关系，明显地失之简单牵强。但在当时的学术氛围中，他自不能正面地否定反映论对于美学研究的意义，因此又“借力打力”，巧妙地主张美学理论基础除了列宁在《唯物主义与经验批判主义》中所揭示的反映论外，还应加上马克思主义的意识形态论。他首先阐释说艺术创造或美感经验要经历两个阶段：“第一个是一般感觉阶段，就是感觉对于客观现实世界的反应；第二个是正式美感阶段，就是意识形态对于客观现实世界的反映。这两个阶段是紧连着的，有时甚至是互相起伏的，但是绝对不可混同。”[①] 朱光潜由此认为，反映论只适用于第一个阶段——一般感觉阶段，意识形态论才适用于第二个阶段——正式美感阶段。他举例说：

“例如画一棵梅花或是感觉到它美，首先就要通过感官，把它的颜色、形状、气味等认识清楚，认识到它是一棵梅花而不是一座山或一头牛，得到它的印象，这印象就成为艺术或美感的‘感觉素材’。在这个阶段意识形态还不起作用。但是艺术或美感并不止于这个感觉阶段，它还要进入正式美感阶段或艺术加工阶段，也就是社会意识形态在感觉素材上起作用的阶段。例如画梅花不是替梅花照相，画家需经过一番‘意匠经营’，它对于感觉素材有所选择，有所排弃，根据概括化和理想化的原则作新的安排和综合，甚至于有所夸张和虚构，在这种‘意匠经营’之中，他的意识形态总和起着决定性的作用。”[②] 朱光潜的看法，激起了许多人的驳难。但驳难者们与其说是出于厘清学理的需要，不如说是出于捍卫权威的热忱。贬低列宁的反映论，这还了得！相较之下，李泽厚的批评算是抓住了“要害”。他认为意识形态的能动作用与反映论不但不矛盾，而且还正是马克思主义反映论区别与消极的被动的旧唯物论之所在。他指出：“在艺术领域内，反映论似乎不够，还需要外加意识形态论。这其实是把本来是统一的马克思主义的反映论和意识形态论对立和割裂开来，从而把列宁的反映论变成被动的、消极的只适应于

① 朱光潜：《朱光潜美学文集》（第三卷），上海：上海文艺出版社，1983 年，第 59 页。
② 同上。

感觉阶段的旧唯物论。”①

朱光潜诚惶诚恐，立刻承认自己反映论只适用于感觉阶段、意识形态论才适用于美感阶段的看法是“极端错误”的，并且又像检讨自己新中国成立前美学思想那样深刻而又有点自虐地检讨道：“第一，把‘感觉阶段’割裂开来，无论对一般认识来说还是对艺术或审美活动来说，都是违反感性认识与理性认识统一原则的。反映论应该适用于整个反映过程。其次——这一点是更严重的——列宁的反映论正是发展马克思和恩格斯的意识形态的学说，而且列宁把反映论应用到文艺领域（例如论托尔斯泰的几篇文章）里，也正是指社会意识形态的反映；不应该把反映论和社会意识形态的学说分割开来，对立起来……”②

今天看来，尽管李泽厚的批评显示出对列宁主义反映论的十分准确的理解和十分规范、十分正统的表述，尽管朱光潜对列宁主义反映论内涵的理解确乎有些逻辑上的问题，但对反映论的阐释再宽泛，显然也无法深入全面地涵盖艺术现象与美学问题。朱光潜原本小心翼翼地尝试着在主流话语内突破反映论的局限，其实也就是突破思维对存在基本命题在美学领域的机械推演，但他的尝试立刻招致正统理解的毁灭性打击，并且这种打击恰好来自最富创造性的学者李泽厚，这不能不说是一种学术的悲剧。悲剧来自大讨论中实践美学的先天理论缺陷，而实践美学的先天理论缺陷是由非学术的因素给定的，是李泽厚无法突破的，那是无比强大的政治力量所制造的思想藩篱与时代局限。今天李泽厚的主体性实践哲学或人类学历史本体论，不仅早已突破了反映论，甚至也突破了意识形态论！

结论是，20 世纪五六十年代政治高压、学术凋敝的社会文化环境中，奇迹般出现的美学大讨论——第一次“美学热”，主要由于朱光潜充满智慧又无可奈何的理论策略、表述艺术与李泽厚在主流框架内的学术创造，使得讨论自身保持了某种学术气氛与学术水准，在一定程度上

① 李泽厚：《美学论集》，上海：上海文艺出版社，1980 年，第 70 页。

② 朱光潜：《朱光潜美学文集》（第三卷），上海：上海文艺出版社，1983 年，第 360 ~ 361 页。

开展了逻辑的较量，智力的交锋，思维的碰撞。然而，说到底，这场美学讨论所表现出来的有限的活跃，不过是鱼缸里的波澜。政治领袖与意识形态的主管们设计了、规范了一个政治的、文化的、学术的大鱼缸，在鱼缸外监视、欣赏着鱼缸内众鱼的表演。鱼们在鱼缸里可以尽情表演，蹦出鱼缸就意味着灭顶之灾。

例如主观论很快就销声匿迹。主观论的两位代表，吕荧因为勇敢地为胡风鸣不平早早就丧失了话语权，没能介入美学大讨论。高尔泰却是由于自己的第一篇美学文章《论美》被打成右派。这篇文章比吕荧更彻底地主张美本质的主观论。尽管高尔泰发表主观论的理论前提仍然是马克思的“自然人化”思想（“美底本质，就是自然之人化”[①]），但在当时的“负责人”看来，“主观就是唯心，唯心就是反动”[②]，于是高尔泰为自己的学术观点付出了沉重的政治代价，“受了无数非人的磨难，处境一直十分悲惨”[③]。主观论很快就消失了，它的遭遇表明美学大讨论不可能超越那个时代展开真正自由的学术争鸣。尽管高尔泰是讨论中唯一的政治批判的受害者，其他学者之间基本上是学术辩论，没有直接的政治批判，但相互的“唯心”指责在当时的社会氛围中与政治批判也不过一步之遥。这些美学家们之所以没有丧失话语权，只是由于他们的讨论尽管热烈却仍很驯顺。虽然如上所述，由于朱光潜与李泽厚充满智慧与创造性的工作，讨论在主流话语中仍获得了理论品格与学术收获，但荒谬的意识形态框架内的学术收获肯定是十分有限的，鱼缸里又能掀起多大的波澜？渊博如朱光潜，天才如李泽厚，在那种封闭的文化牢笼内，也不可能使自己的学术思考获得充分的展露；在不能越“反映论”雷池一步的哲学域限内，也不可能使美学学科获得应有的发展和创新；苏式马克思主义、斯大林化的意识形态教条，只能使他们（包括一切不愿意放弃思考又只能在划定的圈子里思考的学者们）蹦跳着涌向思想的地狱之门。

---

① 高尔泰：《论美》，兰州：甘肃人民出版社，1982 年，第 8 页。

② 高尔泰：《论美》，兰州：甘肃人民出版社，1982 年，第 21 页。

③ 同上。

回顾第一次美学热——“美学大讨论”的时代氛围与社会条件，特别耐人寻味的是何其芳刊于《人民文学》1977 年 9 期的散文《毛泽东之歌》中引述的毛泽东 1961 年对他说过的一段话：“各阶级有各阶级的美；不同阶级之间也有共同美。‘口之于味，有同嗜焉。’”

这是迄今为止我们所知道的毛泽东对美学问题发表的唯一看法。发表这一看法的 1961 年，正是美学大讨论方兴未艾的年代。在美学大讨论热烈进行时，毛泽东发表了对于美的看法，这表明他对美学问题不是没有兴趣；从毛泽东个人异常的文化热忱来看，他对美学问题特别是规模罕见的美学大讨论也不可能无动于衷。但毛泽东对讨论却未置一词，更没有公开他的这一看法。原因何在呢？除了偶然的因素外，从时代的大背景来考察，当其时，毛泽东正在全党、全社会大力宣传阶级斗争。而他的“不同阶级之间也有共同美”的看法与他政治上大力宣传的普遍化、绝对化、长期化的阶级斗争显然直接抵触，至少很不协调。作为政治家的毛泽东当然不会让小小的美学问题影响他的政治战略。故而他对美学问题有那种在当时看来绝对离经叛道的看法是绝对不能公开的。

三、感性解放的召唤

20 世纪 70 年代末到 80 年代初，伴随着改革开放的起步，中国社会开始呈现出前所未有的活跃局面。真理标准大讨论——以理论形态进行的改革派与保守派的政治较量，注定要以改革派的胜利而告终，真正带有学术意味的理论热潮，却是从又一轮“美学热”开始的。值得一提的是，新时期伊始，对毛泽东的权威已经可以有限怀疑的时候，二次美学热的兴起，却仍缘起于毛泽东的指示，这就是他与何其芳有关共同美问题的谈话公开发表。春寒料峭之时，毛泽东的政治余威仍然炙手可热，美学家们接过“共同美”的合法旗帜，使二次“美学热”一开始就展现出全新的理论面貌、理论命题、理论性质。不用说，共同美问题从横向的世界学术坐标来看，实在是太初级的问题，不成问题的问题，但从纵向的中国学术坐标来看，在“以阶级斗争为纲”还没有完全进入历史的时候，共同美问题的讨论实在具有突破性的意义。当然，它的政治意义、社会意义远远大于它的美学意义。肯认共同美，其实就是肯认超越阶级性的共同人性。这对于新中国成立以来愈演愈烈的只能讲“阶级性”不能讲“人性”的意识形态要求，无疑是离经叛道。它以看似超越的问题形态揭开了时代剧变的序幕。差不多同时，还是从美学家开始，从讨论共同美入手，自然地开展了人性、人道主义的讨论。朱光潜老先生第一个站了出来。《文艺研究》1979年3期刊发了朱光潜的文章：《关于人性、人道主义、人情味和共同美问题》。朱光潜的文章点出了共同美讨论的深层文化意义、社会意义甚至政治意义，它其实是对“以阶级斗争为纲”的意识形态牢笼的抗议、控诉，是对政治淫威干预学术活动的极权主义的某种颠覆，它预示着开拓学术新天地的可能。令人感到悲哀的是，正是毛泽东，使“人性”“人道主义”成了时代避讳的概念，而人们重新拾起这些概念，却还是要由已经作古的毛泽东提供合法性的依据。

然而，借助毛泽东的余威而开展的共同美问题的讨论，不过是二次美学热得很偶然的序曲。新时期美学热的再度兴起，实在有其时代变迁的内在的巨大动力。这个内在的巨大动力就是，新时期的感性解放。

任何解放都首先是感性的解放，都不能不落实到感性的解放。当代中国从毛泽东时代进入邓小平时代，伴随着基本国策的重大改变，意识形态重心、伦理价值取向、社会文化氛围、国人精神面貌都逐渐地发生着深刻的变化。这些变化都很快就在感性的世界——情感的世界张扬开来，从而也都不能不被历来是得风气之先的文艺所首先捕捉、表现和预演。如宗福先《于无声处》创作演出于四五平反之前（1978年年初），舒婷《珠贝——大海的眼泪》写于1975年11月，北岛《回答》写于1976年4月……从蓝蚂蚁到喇叭裤，从《沙家浜》到《追捕》，从《文化大革命就是好》到《何日君再来》，真是恍若隔世。袁运生的《泼水节——生命的赞歌》、李谷一的《乡恋》、邓丽君的《甜蜜蜜》，节奏、色彩、题材、主题、风格、时尚，对于抱持前一个时代的意识形态准则的人们，都是决难容忍的大逆不道、都是肆无忌惮地挑逗情欲。

试想想，看惯了江水英、阿庆嫂、柯湘、方海珍等独身女英雄的形象，《爱情的位置》（刘心武）、《被爱情遗忘的角落》（张弦）、《爱是不能忘记的》（张洁）、《爱的权利》（张抗抗），怎么能仅仅具有题材突破的意义？它突破的是扼杀人性的疯狂时代，它是感性解放的宣言，历史正是在谈情说爱中复归正道。从中世纪式的禁欲主义到弥漫国中的春心轰动，从极端的红色一元化的恐怖统治到多元化、自由化、西方化的热烈登场，迪斯科、披肩发、流行歌曲、朦胧诗、裸体画、伤痕文学、星星画展……抗议、暴露、颠覆、挑战、戏弄、转型，一切“新感性”的“新的崛起”，都在1979年和1980年发生了！感性的解放和思想的解放相互激荡，给中国社会带来了无穷的想象与渴望。作为学术的反应，和文艺最近、以感性生活——情感现象为研究对象、同时又以当时最炫惑人的字眼“美”来命名学科的美学首先热起来，显然与此有关。“美”对于刚刚从“不爱红装爱武装”、谈“美”色变、“美”就等于资产阶级情调、就等于颓废堕落色情、就等于反动派的时代中走出来的人们，对于刚刚从禁欲主义的蒸笼里解脱出来的人们，成了最富想象力、最有刺激性、最能感性地表达时代将要发生巨变的字眼、符号。体现久违因而倍感新鲜的生命冲动、原始欲念、情感宣泄、时尚追求的社会潮流、文化氛围、艺术风格，都带点畸形地凝聚于“美”的想象、渴望与追逐中。美是自由的快感！美学，十分自然地成为感性解放的升华渠道、成为时代欲求的理论旗帜，至少当时的学子们这样理解它，这样期望它。

当然，真正的美学研究不可能完全承担起这样的使命。许多听了美学课的大学生对美学颇感失望：这就是美学呀！什么“理念的感性显现”，什么“人本质的对象化”、什么“合规律性与和目的性”，美学课真的一点也不美，搞的人一头雾水。能够吸引学子们的美学课往往是由于授课教师的修辞术，而非美学教程的一个个课题。毫不奇怪，美的鉴赏自然赏心悦目，是一种愉悦身心的感性欢乐，美学研究却如同其他学科一样，免不了抽象、艰涩与枯燥，对于不具专业兴趣与禀赋的人来说，对于将美学仅仅理解为美人、美景、美文、美的艺术、美的服饰……的人来说，难免不生厌倦。但二次美学热仍热度不减，原因何在？原因就在于美学热同时具有的文化开拓意义。

四、文化开拓的旗帜

前面的分析表明，与一次美学热相比，二次美学热已经是在完全不同的时代条件下，在完全不同的社会因缘与学术动机的推动下自然形成。伴随着思想解放的浪潮，美学研究的视野、方法、领域都在不断扩大，不断更新。20世纪50年代至60年代美学大讨论中的几位代表人物在新的时代要求与社会需求面前，理论建设与学术创新的高下已不可同日而语。蔡仪的美学观代表了僵化板滞、毫无生命力的意识形态要求，因此二次美学热，他的理论已经基本没有市场。朱光潜年事已高，1986年辞世，除了整理自己数十年的研究成果之外，新的创获不多。高尔泰相对活跃，将自己的富于激情和诗意的主观论建立在新的论阈上，他从自然科学的视角引进熵理论——热力学第二定律分析美学问题，提出"美是'一'的光辉"等，尽管阐释尚不成熟，甚至有些似是而非，但也确乎表现了引人注目的、富于特色的创造性思考，受到了相当一批青年人的欢迎。然而，无论从哪个角度或从哪种意义上看，李泽厚都无疑是二次美学热最重要的代表人物。①

如前所述，李泽厚是一次美学热中最有创获性的美学家，但也正由于他的思想的富于天才的创造性，他也就不能不最深重地感受到一次美学热的时代制约，不能不遭受到当时的意识形态牢笼的最沉重的压抑，他甚至只能自我戕害自己的创造性（如前述对朱光潜关于反映论问题的批评）。然而，确乎是"天生我材必有用"，李泽厚的天才的创造性，在二次美学热提供的思想解放的时代条件下，像火山爆发一般喷放出来。

---

① 李泽厚、蔡仪、高尔泰的政治表现与政治命运，和他们的美学观确乎有某种微妙的呼应，和时代的变化、政治的风云有某种内在联系。

作为美学家，李泽厚不负时代的厚望，率先以自己敏锐的审美神经探求和预示着新的时代的感性解放。是他，第一个出来肯定朦胧诗，在举国诗家（包括艾青这样的优秀诗人）都在围剿朦胧诗的时候，他却为朦胧诗热情地欢呼，称它为“新文学的第一只飞燕”。脍炙人口的《美的历程》则令众生颠倒。特别值得指出的是，《美的历程》及以后的《华夏美学》《美学四讲》《中国美学史》等，尽管还内在地承续了一次美学热时建构的实践美学理路，但就思考视阈、阐释角度、理论方法、支援意识来看，已完全脱却一次美学热的意识形态束缚，表现了博大的开放性、新锐的前卫性、渊厚的学术积累与磅礴的文化气魄。在这里，已经根本看不见反映论的框子，已经完全剔除苏式马克思主义的阴影。从康德的主体性思想到精神分析学的无意识学说，从皮亚杰的心理学到法兰克福学派的“新感性”，从原典马克思主义到人类学，从实践理性到乐感文化再到情本体，共冶一炉，交融升华——李泽厚的美学思想，至今仍是那样地富于启示性，仍是那样地令人感动不已。

然而，尽管《美的历程》的出版，是二次美学热的标志性事件，但二次美学热中，李泽厚的意义绝不限于他的美学贡献，甚至主要不在于他的美学贡献。是他，使美学热转换成文化热，使新时期的感性解放很快就转向更高层面的精神解放。当北岛在心中开始吟诵他的《回答》时，当《于无声处》紧张地排练时，当顾准在迫害中进行着他的特立独行的思考时，李泽厚则沉潜于“五七干校”和“抗震棚”，悄悄地以毛选作掩护，写下了《批判哲学的批判——康德述评》。李泽厚在当代中国学术史、文化史上的地位一开始就注定了不可能仅仅是美学的。他最先涉足的领域不是美学而是中国近代思想史。第一次美学大讨论之前的1955年，李泽厚就在《文史哲》上发表了《论康有为的〈大同书〉》，不同凡响地指出大同书是“有卓识远见的天才著作”[①]。1979年出版的《中国近代思想史论》与《批判哲学的批判——康德述评》，奠定了李泽厚在中国当代思想史上的划时代的地位。全新的思想史视角、

① 李泽厚：《世纪新梦》，合肥：安徽文艺出版社，1998年，第440页。

主体性实践哲学的高扬，提供了思想解放的最深刻、最富于学术建构意义的范例。也使二次美学热包含了深刻的哲学内涵与前所未有的时代高度。1988年，拙著《当代中国美学研究概述》谈到李泽厚时指出："他首先是一位哲学家，是一位在很难出现哲学家的年代里出现的哲学家。他的哲学思想有类似黑格尔的宏大的历史感，更闪烁着马克思的彻底科学精神。他还是一位思想史家。他在最深的层面上把握了中国人的灵魂、风神、智慧，在他那里可以找到从孔夫子到鲁迅的最真实的思想脉络。……和其他几位美学家不同的是，李泽厚的美学思想衍生于自己富于新意的哲学思考，他的美学直接属于他的哲学构架，并在这一构架中占有突出的位置。"①

李泽厚的美学思想与他的哲学构架的联系，当然是形成于二次美学热的理论建构。主体性实践哲学或人类学历史本体论，使他的美学思想具备了空前的文化哲学深度。在《美的历程》特别是《华夏美学》《美学四讲》中，无论是"儒道互补""魏晋风度"，还是"佛陀世容"；无论是"美在深情""形上追求"，还是"走向近代"；无论是"建立新感性""审美积淀"，还是"悦耳悦目""悦心悦意""悦志悦神"，美学的话题已处处流溢着超越了美学的文化思考、人生探寻、形上智慧。《中国古代思想史论》《中国现代思想史论》则与《中国近代思想史论》共同构成了中国文化性格、人生智慧的独到深刻的解读。

从《批判哲学的批判——康德述评》《主体性论纲》《关于主体性的补充说明》《哲学探寻录》《己卯五说》《历史本体论》，到《美的历程》《华夏美学》《美学四讲》《中国美学史》，再到《中国近代思想史论》《中国古代思想史论》《中国现代思想史论》《论语今读》《世纪新梦》《告别革命》《伦理学纲要》《哲学提纲》《走我自己的路》《李泽厚近年答问录》，最值得关注的是李泽厚哲学的纲领性汇总——《人类学历史本体论》，撇开写作年代的先后，纯从思想逻辑考察，李泽厚以自己贯通古今中西的深厚学养与省识，非常自觉地在人文思想领域，发

① 赵士林：《当代中国美学研究概述》，天津：天津教育出版社，1998年，第37页。

起和引导了划时代的新文化的启蒙与建构工作。他的理论体系内在地包含着广泛的文化意义、社会意义甚至政治意义。包括他倡导并亲自担任主编的“美学译文丛书”也绝不仅仅是美学的资料书，它的意义应该融入当时的文化启蒙中考察，如前所述，它是新时期思想启蒙之西学东渐的一部分，甚至是中国现代史上二次西学东渐的先锋，与“走向未来”丛书具有同样的文化意义。美学热是文化热的先声，美学热的重要性很大程度上也正在于此。非常符合思想家个人的思想逻辑与时代需求的历史逻辑，李泽厚以自己的美学著作倾倒了几代学子，又作为文化热的领袖成为真正意义上的思想解放的导师。新时期思想文化领域差不多所有的新理念、新思路、新视角、新思潮，如主体性、个体性、偶然性、工具本体、心理本体、历史本体、“度”本体、情本体、文化—心理结构、实用理性、乐感文化、自然的人化、人的自然化、积淀理论、重新发现康德、重新阐释中学与西学、转换性的创造、西体中用、救亡与启蒙，等等，差不多都首先在李泽厚的著作中发现，都首先由李泽厚阐扬，这个博大精深、充满创意的概念谱系自身就已构成了思想史的奇观。而一位学者只要提出上述概念中的一个，便可足慰平生，对得起自己的学者生涯了。20 世纪 80 年代，从改革开放的破冰之旅到学术文化的重建历程，十分艰难、颇多反复、屡遭打压，这是一个民族空前地渴求精神滋养，社会迫切地需要思想启蒙的时代，包括激烈抨击李泽厚的人都不能不承认，正是李泽厚，满足了时代的需要，出色地担当了精神导师与思想领袖的角色。

从学术的角度考察，任何“热”必然地包含着肤浅、赶时髦、凑热闹、哗众取宠、故作惊人之语、立异以为高。美学热和文化热也不例外。李泽厚在 1985 年曾经这样评价美学热：“‘美学热’毕竟并非好事，已经把某些人热昏了头。”[①] 美学热在学术界乃至社会生活中曾表现出严重的俗滥的倾向。文化热也同样弊端丛生。我曾在 1988 年专门撰文曰《反思“文化热”》，指出了文化热存在着“重情轻理”“重用

① 李泽厚：《走我自己的路》，北京：生活·读书·新知三联书店，1986 年，第 131 页。

轻体”“重破轻立”的浮躁一面。然而，洗净这些热的负面因素，它所透出的时代文化信息特别是时代进步信息却弥足珍贵、永远值得史家关注。如前所述，二次美学热与一次美学热有一个根本区别，那就是前者同时具有文化开拓、思想启蒙的意义，美学热在新的时代需求中获得了全新的含义，发挥了更重要的作用。

而二次美学热之所以能够产生真正的学术价值、创新品质乃至启蒙意义与文化深度，李泽厚的学术贡献显然具有决定性的作用。美学三书（《美的历程》《华夏美学》《美学四讲》）不仅是美学文献，同时是划时代的文化大纛。

如同冯友兰评价《美的历程》时所说，“一部死的历史，你讲活了”，李泽厚的美学智慧与他的思想智慧、文化智慧共同构成了他的哲学智慧。真正的哲学智慧万古常新，读李泽厚的著作，每次都有新的收获。20世纪90年代以来，由于主客观多种原因，身处异邦，常入渊默状态的李泽厚，仍相继以《世纪新梦》《论语今读》《己卯五说》《历史本体论》《告别革命》《伦理学纲要》《哲学纲要》，特别是《人类学历史本体论》等展示着纵深的哲学建构、文化思考，并以古稀之年担当着知识分子的社会责任。晚年李泽厚的学术努力、文化热情、社会热情乃至政治热情受到来自各个方面的严重误读——自由主义的、新左派的、激进主义的、保守主义的、主流意识形态的、新潮先锋派的，但无论就思想的深度还是就学术的气度而言，没有一种对李泽厚的批判能够超越李泽厚。就是在他那些大体上属于旧文新编的种种文集中，我们也不时获得一种温故而知新的乐趣与陶冶。李泽厚的意义既是现代的，又是未来的。伴随着时代的演进，李泽厚的意义还将不断地凸显出来。这里，我愿意列举一段李泽厚与目下最受欢迎的美国新左派学者、美学家、文化学家詹姆逊的对话供人们咀嚼。

詹姆逊谈到美国社会的审美文化状况时说：

“我记得卢卡契说过，你可以从美学的角度，书写一部马克思主义的历史。另外，异化理论同样可以看成一种美学理论。所以，现代马克思主义的一个重要部分产生于对资本主义现实的审美批判。以异化为核心的马克思主义美学理论仍在发展，我认为那是非常有生机的。……身处丑陋与沮丧之境，你就感到美的力量。如果美感被放逐了，生命中就难以激发新的美的体验。所以，审美具有批判现实的力量，批判被商品所支配的日常生活的力量。但一旦审美本身被商品化了，那该怎么办？后现代社会正是如此：广告、音像……无一不是商品化的审美，或商品化的文化。人们的审美趣味已经被商品腐蚀得很厉害了，美本身也被腐蚀得很厉害，变成了商品。这给当代马克思主义美学提出了一个严肃的问题。当然，我主要讲的是美国的情况，因为在欧洲和日本情况也许不一样，在中国情况当然也不一样。”①

李泽厚对曰：“正如你所说，情况完全不一样。对于中国的传统来说，美学接近宗教。……对于中国人来说，美感就像某种超越现实世界的个体和精神自由，就如我们在道家中看到的。美是一种生活方式，而不是仅供观看的东西。在中国社会，艺术可以是一种摆脱政治的手段或对现实社会的抗议，但这仍是积极的东西。比如，我以前说过，在中国画里，人物常常画得很小。但这小小的人物非常重要，没有它，自然就失去了意义，显得荒凉冷落。自然界和人类社会和个体生存是不可分离的。美的范围不只是艺术，而是社会和宇宙。中国文明区别于希腊文明，中国人没有柏拉图式的概念。对于中国人来说，真实的世界就是人的世界，就是这个感情世界，它包括自然、宇宙在内。我想这倒接近了马克思的看法。……我以为，对于马克思主义关于人类未来的审美乌托邦设想来说，人化自然这个概念是其核心。人既是内在的也是外在的。人化自然不只是指我们通过科学技术加以改造的外部世界，它也包括人的情感，人的动物性，即人的内在自然。人化指的就是人从动物、从纯生理的物种转变为超生物的、即作为社会存在的成员而又仍然是活生生的个体生物这个过程。换句话说，它指的是‘积淀’的过程，文化心理结构形成的过程。……至于异化概念，我想这是马克思关于复杂的历史过程的重要贡献。从历史主义的角度看，异化是不可避免的，也是必

① 李泽厚：《世纪新梦》，合肥：安徽文艺出版社，1998年，第232页。

要的。当然从伦理道德的立足点出发，异化是不能接受的。这就回到了我刚才说的‘历史主义和伦理主义的二律背反’，关键在于我们必须从历史或历史主义的角度来看待异化。而美学、美等也应该历史地去看。也就是说，我们不可能脱离历史来谈自然的人化等，因为我们是创造历史的主体。从这个意义上说，我想主体性在我的建设的选择性构想中，起着决定性的作用，而且这个作用变得越来越重要。我知道我这样说是很不合潮流的。福柯之后，在西方，人们都在大谈主体的离心与消解。但是最终我们还得问自己：在一切被解构、离心和毁灭之后，我们该怎么办?"①

这段对话已经涵盖了当今美学界、文化界讨论的全部前沿问题，并指出了富于前瞻性的解决之道。全部新潮美学与新潮文化学的论说加在一起，也无法企及这段对话的哲学深度。

20世纪90年代以后，学者们出于各种原因或被迫或自觉地向所谓"专业化的学问家"认同。但专业化时代的形成殊非易事。由于学术传统的断层、文化积累的薄弱，尚没有出现新的大师巨子的迹象。更重要的是，我们仍处于时代转型的激荡中，文化启蒙的任务还没有最后完成，思想自由的时代还没有真正降临。在这样的社会条件下，对学问家特别是人文学科的学问家的敬重往往并非其学问，而是其个人遭际透出的文化的、政治的气息。陈寅恪重新受到关注与其说是由于他的学问，不如说是由于他的人格魅力与独特经历；钱锺书尽管受到高度评价，但谈《围城》的多，看"管锥"的少，人们津津乐道的还是"下蛋的老母鸡"；顾准的重新发现才更典型、更真实地体现了时代的需要。赵汀阳、刘小枫、汪晖、甘阳、秦晖等20世纪90年代以来比较活跃的人文学者（他们大都不同程度地受到李泽厚的沾溉，其中如赵汀阳就是李泽厚的及门弟子），他们在哲学、宗教学、思想史等领域别开生面，颇有建树，但他们的研究工作与学术贡献亦主要是思想的，而非"学问"的。一些很热闹的以学问家著称的学者却往往露怯，连大路材料也没能

---

① 李泽厚：《世纪新梦》，合肥：安徽文艺出版社，1998年，第232~233页。

娴熟把握。至于以写散文冒充学问家的，专和海内外名人对话沾光的、或搞个刊物编几本书就冒充学界领袖的，就更等而下之了。

但不管怎样，美学热（连同文化热）已经退潮了。在不需要美学热乃至文化热的时代，美学家们、人文学者们还能做些什么呢？或者说，他们将以什么特点与方式发挥作用呢？美学热退潮了，美学毕竟还在，美学家们毕竟还要吃饭。如同其他学科都在竭力展开自己的研究视野以为自己争取更大的生存空间（如宗教学界将宗教定位、理解、强调为一种文化，就为宗教学研究赢得了广阔的空间与更多的合法性），许多美学家亦从不同角度、不同层面将美学与许多前沿学科、许多现实问题、热点问题联系起来，这同样为美学研究开拓了新的天地。这样一种美学的时代趋势，拉动和形成了种种新的学术动向。但美学家们始终很难保持更为纯粹的学术动机，出于各种原因，他们总还是流露出强烈的政治、社会意味的启蒙倾向。他们试图通过将美学与人生拉得更近来获得生存的合法性，试图通过社会批判与文化批判来增强自己的话语权，并使研究这门学问的社会成本成为可以接受的合理开支。例如“艺术化生存”的呼吁就是美学家们理论分量、精神价值的比较新的证明与表述，在这样的呼吁中，美学家们试图通过将审美文化定位于文化的比较高级的阶段，来论证审美——艺术化生存的可能性与必要性，阐释这一思想的著作将大量篇幅留给了现代社会的批判。生态美学、文化美学、超越美学都表现出探索的热情与创新的雄心，都是时代走向多元化的美学呼应，都是强烈地关注人生与社会的美学。但就理论建设自身来看，还远远没有形成李泽厚当年建构实践美学那样的精严气势、还根本不具朱光潜那样的博识广纳、也还看不到宗白华那样的渊妙洞识。有力度又有深度的反思尚待出现。中国还没有社会条件形成法兰克福学派那样的文化——美学批判力量。20 世纪与 21 世纪之交，詹姆逊、哈贝马斯尽管已像李泽厚一样为学子们耳熟能详，但多半是卖弄洋学识的材料，对他们的引进与阐释，和实实在在的文化生活、审美世界根本就不搭界。各种中国的“后”学更是搞错了时代，一味地隔靴搔痒。

我们看到了许多或粗糙不堪或像模像样的理论架构，但大厦本体的建设还有待展开，有的新潮美学则不过是浮浪子弟、学术嬉皮士情绪宣泄的理论包装。科技美学、生产美学、医学美学、商品美学、性美学等鲜明地体现了参与、投入、干预、引导商业社会的热情，但许多文献的关注焦点与论证方式经常令人怀疑其受雇于某某公司。

纯粹美学的追求难耐寂寞，商业美学往往丧失了作为学科的品格。美学家在20世纪90年代以来的职业生存状态其实是很惨淡的。就拿美学家们寄予厚望的审美教育来说，落到实处的其实都是具体的艺术教育，艺术学院、大学的艺术系是创收最多的系科，但那是舞蹈、美术、影视、卡通……各种各样的表演技巧、创作规范，各种各样的培训班。美学包括其中的审美教育很难立足期间，最多也不过是可有可无、附庸风雅的点缀。美学家们往往很尴尬。艺术家是根本不理睬美学家的，对批评家和“娱记”还有点忌惮。问题可能还是在于美学与美学家。目下中国许多美学家的工作状态可谓不伦不类：说是哲学缺乏深度，根本没有什么启悟性；说是艺术理论又隔靴搔痒，艺术家听它的只能误事。其实，一些艺术大家特别是文学大家才是最切实、最敏锐、最有深度的美学家，王蒙、刘心武、梁晓声……他们聊起理论来要深刻多了，尽管他们通常不采用所谓系统的理论形态，不是一章一节地表述。而美学界真正获得可观承认的学者都不是靠美学本行，赵汀阳、刘小枫、周国平均是美学研究生出身，但他们早已游离于美学乃至美学界之外，在某种意义上说，恰好是这种游离成就了他们，他们的学术成就、他们获得的社会影响都主要是哲学的、宗教的、文化的，尽管其中不同程度地包含着美学的因子。晚近出版的一两种很有学术分量的“西方美学史”著作，其内容竟大半都是西方文化学的绍述。应该特别指出的是，20世纪90年代以来，由于经济改革与社会转型的需要，在经济学、政治学、社会学、法学甚至历史学、文学理论等社会科学人文学科领域涌现出了相当一批无愧于时代的优秀学者，但哲学乃至哲学中的美学，则逊色得多，优秀的学者可谓凤毛麟角。

托马斯·门罗在20世纪谈到美学研究的状况时指出：“尽管人们作了种种尝试，力图把美学转变成为一门科学，但美学至今仍旧属于思辨哲学的一个分支。在哲学所属的全部分支中，美学可能是最没有影响和最缺乏生气的了，虽然美学研究的课题——艺术及与之有关的经验类型——是最容易产生影响和最富有生气的。”①

这话既适用于20世纪五六十年代的美学大讨论（如前所述，大讨论的活跃是在极有限的范围之内并且是在极有限的论域之内，就学科的建设水平与社会效应来说，谈不上真正的“影响”与“生气”），也在很大程度上适用于美学热过后的中国美学界。当然，寂寞不一定是坏事。从某种意义上说，学术不是在热闹时而是在冷却后才能进入充分理性的、富于建设性的发展轨道。20世纪90年代以来，在美学热已渐趋冷却之后，特别是它所承载的思想启蒙、文化开拓功能已经消失之后，美学应该迈入学科发展的常规轨道。晚近以来一些美学家为此作出了种种可敬的努力，这种努力尽管还成果有限，但它的方向确乎体现出学科纵深发展的要求，因此是满有希望的。不过应该清醒地认识到，常规发展的学术特别是远离利害攸关的经济生活、和社会热点问题很少直接联系的学科，一般地讲很难成为显学。美学正是这样的学科。美学家通常不能扮演引领时代潮流的角色。美学热恰好体现了时代的不正常或是对不正常的时代的某种反驳。李泽厚这样的学者的出现及其所扮演的思想领袖的角色，是时代潮流加上个人天才的因缘和合。某些人对李泽厚的耸人听闻的批判，可以暴得大名，某些人对李泽厚的过时论的宣判，可以博得喝彩，但他们却永远也不会获得李泽厚那样的学术影响和历史地位。② 一些美学家对李泽厚的超越设想，只能说是徒具理论雄心，从中我们还没有看到任何真正具有超越价值的视角与阐释（如相当武断地批评李泽厚的实践美学保留了所谓古典美学压抑个体性、非理性和感性的所谓“超越实践美学”。当年就曾有人以类似的责难轰动学界，“超越

① 托马斯·门罗：《走向科学的美学》，北京：中国文联出版公司，1985年，第1页。

② 最近，“世界美学大会”在北京召开。会上有人模仿冯友兰先生的话说中国美学要“接着朱光潜和宗百华先生”讲，其实如果有一点学术公心，就应该看到，中国美学，不仅有人接着朱光潜和宗百华先生讲，并且在思想建构上已经进入一个更高的境界，那就是李泽厚美学。

实践美学”还要花些工夫证明自己不是拾人牙慧）。而在实践美学前面冠以“前”“旧”“新”“超越”乃至“实践本体论美学”等的质疑、批判与讨论，一方面自我期许太高（但与其说是严肃的学术讨论，不如说是搬弄字眼的游戏），另一方面又恰好说明李泽厚的美学思想是绕不过去的大纛。可以毫不夸张地说，从21世纪初算起30年内，从新时期（20世纪70年代末80年代初）算起则50年内，都没有、也不会有和李泽厚同量级的思想家出现，更不要说美学家了。

（载于《华文文学》2010年第5期）

李泽厚与“审美代启蒙”

张志扬

20世纪70年代末80年代初，史称“初春解冻时节”。可事实上，究竟如何解冻，或者从哪一块冰层破起，当时真叫人颇费周章。社会民情是压抑的盲目宣泄，三大“呕吐痰盂”——“萨特”“弗洛伊德”“尼采”轮番使用；再加上西方第二次世界大战后兴起的“荒诞派”等现代剧，几乎如数搬到中国的生活舞台上来浇众民心中的块垒；场面虽然热闹，而真正的思想突破，还在试探中。社会意识就像一股汹涌的潜流，它按照自然的天性找到了适合自己的缺口，那就是“美学热”兴起——以审美代启蒙。

李泽厚先生无疑是“审美代启蒙”的旗手。

一、“美学热”的历史机遇

作为一种社会思潮总有它自身的历史机遇，不会平白无故冒出来的。

“文革”破灭了。作为“文革”主体的大批以“老三届”“小三届”为代表的青年人（“40后、50后、60后”三个年龄段）并没有随“文革”的破灭而破灭。他们的思想情感仍然在“理想真诚”与“知性真诚”两股道上做惯性的滑行。即便理想破灭后有的表现出很强的虚无倾向，那也是“真诚的虚无倾向”，同后来经济改革浪潮席卷后的有意识地玩世不恭的“物欲主义”（这种形式的“虚无主义”黑格尔比作“全身瘫痪了的人”）有很大的不同。其中的一部分人后来以各种方式考进大学学习或到研究院（所）工作，为中国20世纪80年代新一轮思想启蒙准备了新生力量。

这一股新生力量携带着两种完全不同质地的经验特征：一种是崇高的理想主义，一种是人生幻灭无常的虚无感。前者预设了观照现实残缺的完型结构，不管这种完型带有怎样的乌托邦色彩，它仍然是人的精神不被现实欲望吞噬的人格支撑；后者至少抵制了理想的形而上学概念化，突出了生命意志抗争的可能性与生命激情自我完善的努力。而这两种经历要素奇特地并存与融合，不仅为当时的个人所拥有也为社会所拥有。它所表现出的情感或情绪及其思想倾向性，恰恰构成了审美活动的感性特质。特别表现在进入学术界的年轻人彼此寻找而云合的古典情怀本身就是审美的。正是它重新焕发出青年人解冻后初春般的蓬勃朝气，推动了全社会的理性反省与实践探求，使20世纪80年代成为“文革”后依然激情燃烧的岁月，为历史所铭记。

“文化大革命”本身就是中国历史舞台上甚至世界历史舞台上上演的一场空前悲剧。我们作为这场悲剧的参与者，无疑感受着它的巨大的落空的悲剧精神与撕裂的悲剧效果。中国各阶层没有不在“文革”中遭遇颠覆的命运，后来看似回到了历史的正常轨道上来，然而每一种伤口的愈合还需要很长很长时间。伤痛、奋发、众多无解的疑问、重新寻求出路的努力，这些生动而又带着精神性创伤情感的意志，成为当时社会思潮蓬勃鼓荡的内在动力。

“改革开放”首先推行的经济领域一时还没有见效于金钱万能，因而摆脱“社会主义平等观”后的思想上的民主自由，既还没有落实到“智力资本”上，也还没有落实到“金钱资本”上。总之，民主自由的观念调动的仍然是年轻人的理想热情与献身精神，尽管献身精神指向的已经不是意识形态而是个人的聪明才智，因而对科学理性与人文理性的渴求几乎变成了新知识学习与翻译的狂热竞赛。简而言之，事情就是事情本身，一切外在的或体制性的头衔（“院士”“国家特贡专家”“长江学者”）、等级（博士、教授、博导），还有名利（各种名目的课题经费、岗位津贴、秀场走穴），都还没有同工作与成果挂钩，也就没有被体制合理化的“倒果为因”现象败坏学术的名声，即“后来居上”者不是为学术，而是为学术的社会等级奋斗的学术功利主义成为体制化学术的普遍原则。据说“后来居上”者都是进步的成果。

但事实上，直到20世纪80年代中期的“审美代启蒙”之所以是“审美”代“启蒙”，其“审美”倒还真格地审美到精神与学术的追求上。若是今天的各种功利“名目”，与“审美”何干！

李泽厚先生对此深有感触，当时再有名再有影响，哪里会想到今天的什么“出场费”和“大师级”哟！

二、“美学热”的主体储备

“文革”后的1977年冬，有一个很奇怪的现象，几乎一天早上醒来，人们彼此不约而同地改变了称呼，不再彼此称“同志”了，而称“师傅”。“师傅”当然是一种过渡，随后便打开了“先生”“小姐”的大门。

这是多么健康的生活理念。生活上如此，思想上如法炮制。在思想上，人们也自然而然心照不宣地不再“马哲”了，让它要么在上边，要么在旁边。但是，谈近亲“西马”又不行，要想让思想成为思想的思维可能性，几乎只有一条路可走，那就是从薄弱中介的一个不确定环节“美学”引向边缘。“美学”正好上不上下不下地左右逢源。

本来美学上就现存着争论。

关于“美是什么”的争论由来已久，成为旧案的主要是蔡仪先生的“客观派”和朱光潜先生的“主观派”。当然，前者占着正统的优势，后者当然置于被批判的地位。很长一段时间，还算容忍把它放在“学术思想”的范畴内，并没有一棍子把朱光潜先生打死。

关于“美是什么”的争论有五大派别：

(1) 美是被审美对象的“客观规律”——蔡仪“客观派”；

(2) 美是审美者的“主观情感”——朱光潜“主观派”；

(3) 美是创造生活的“实践”——李泽厚“实践派”；

（4）美是审美中人与物的“关系”——朱光潜转向“关系派”；

（5）美是“自由”——高尔泰从“主观派”转向“自由派”。

（1）（2）是最早的，（3）（4）紧接其后，（5）是最晚的。

李泽厚先生的“美是创造生活的实践”的“实践派”可以说是异峰突起，很快占住了中心地位。不仅在理论上，尤其在当时的影响上，李先生的思想魅力一下子就把年轻人的热情提升起来。因为李先生也操着地道的马克思主义武器。马克思主义的实践观早在 1845 年《费尔巴哈论纲》的第一条中都说得清清楚楚的了，前后延伸都是路，开阔得很。

往前，更有 1844 年《巴黎手稿》，其中专门有“人本主义即共产主义”的“异化劳动”学说，“异化与异化的扬弃走着同一条道路”，其中作为异化环节的“对象化劳动”就规定着“美的规律”。

往后，整个马克思主义历史唯物主义的“生产力决定生产关系”的劳动实践学说及其规定的社会形态学说构成了李泽厚先生的“西体中用”的理论基础。

为了给马克思的“实践人本”思想提供“主体性”的哲学解释，李泽厚先生非常及时地出版了纯学术性的康德哲学专论《批判哲学的批判》，打出了“要康德不要黑格尔”的口号。

接着《美的历程》出版，李泽厚先生不同于西方“形而上学本体论”的“使情成体”（比附“有意味的形式”）的“美学本体论”，也就大体拉开了架势。至今李泽厚先生仍坚持认为“美学是第一哲学”。

于是，在“西体中用”的指导思想下，在“美学是第一哲学”的结构完型下，李泽厚先生提出了中国传统思想的“乐感文化”特质，为当今现代新儒家开出了“马克思主义新儒学”的思想重镇。

试想一想，“文革”后的春天，突然在思想上呈现出如此繁花似锦的景象，年轻人都欢呼雀跃起来。一时间，真所谓各路人马“揭竿蜂起、云合响应”，蔚为大观。

1985 年，继科学理性主义的“走向未来丛书”之后，人文理性主义的“文化：中国与世界”编委会诞生了。青年一代人正式登上了中国学术舞台。

当“审美代启蒙”的时候，李泽厚先生是呼唤时代风云的领军人物；当建立“作为第一哲学的美学本体论”时，李泽厚先生就只是一个独树一帜的思想家了。这其间的微妙差别掩盖在人物角色尚不经意的变与未变之间，然而20世纪80年代中期由于上面两个标志性“丛书”的出现，已经无可挽回地转变了思潮方向。

此系后话。

三、“美学热”的第一个成果——李泽厚思想

作为个体的民间的“李泽厚思想”无疑是20世纪80年代“美学热”的第一个积极成果。这本身就是一个民主的标志性特征。

我这里直接面对的是当时我的阅读记忆，可以说，20世纪80年代，李泽厚思想的结构特征大体形成。

首先，李先生是真诚相信马克思主义的基本原理即“生产力决定生产关系”学说的。它能根本补救中国封建社会自然经济的发展动力缺失所导致的近现代史落后挨打的救亡危机。因而，李先生针对传统“中体西用”的策略而大胆提出“西体中用”，这在中国文化的传统命脉（“独权、一教、重农”）上是突破性的扩展。因而，李先生的“西体中用”事实上为马克思主义儒家化起到了“正名”的作用。

其次，公开打出不同于西学纯粹哲学的中国形态——“美学本体论是第一哲学”，强调“主体性”，而且突出的是“具有审美结构的主体性”。大概是康德哲学结构的启示：美的感性成为真的知性与善的意志连接的中介。李先生看来，作为中介的美感完全可以成为起“中和”作用的最高者（本体）——这特别符合中国传统的美对善的亲近，所谓“极高明而道中庸”。

最后，同样，与西方美学范畴的“崇高”与“悲剧性”相对，中国传统更倾向于“恬淡”与“乐感”或“寓忧于乐的圆融”之“超然意境”。

表面看，“美学本体论”是“生产力决定生产关系”的意识形态反应，其实，前者完全可以而且应该看作后者来自生产实践的“美的规律”的自律原则。这样就有可能避免西方在物质生产的“科学功利主义”方向上的单向度发展（“宇宙论”发展?），以至于发展到今天的现代性全面危机的灾难地步。

二十多年过去了，我至今仍然保持着李泽厚先生 20 世纪 80 年代留给我的上述印象。

即便后来青年学子再往西学的道路上多走一百步，归根结底还是要回来的。那么，李泽厚先生始终守住中学的本位独树一帜，仍然是中国现代思想、“中国现代哲学”的一个榜样与典范。

结 语

“审美代启蒙”，只能是特定时代的特殊产物，往后经济改革大潮一起来，物欲开始泛滥，“审美代启蒙”就立刻显得多余，甚至显得幼稚，于是迅速让位于“利益启蒙”的更实际更功利的现代性原则。至此，中国摆脱了多少带着“新古典主义美学理想”的权宜之计，彻底走上了追随西方急功近利的现代化道路。

至于今天现代性危机在世界全面展现，如何救治，即如何反省科学技术主义独断的宇宙论立场（“技术至上的物义论”是其要害），中国文化类型的核心思想“知其白守其黑”的“中和”智慧如何“扣两端”（神义与物义）而“执其中”（仁义）？将成为一个世界性难题。

（载于《文艺争鸣》2011 年第 3 期）

“五四”：不断重临的起点

——重识李泽厚《启蒙与救亡的双重变奏》

罗　岗

一、“两个‘五四’”还是“一个‘五四’”

美国历史学家柯文（Paul A. Cohen）在他的《历史三调：作为事件、经历和神话的义和团》一书中指出：历史学家重塑的历史实际上根本不同于人们经历的历史。不论历史学家能够选择和实际选择的史料多么接近人们的实际经历，他们最终写出来的史书在某些方面肯定有别于真实的历史。他认为义和团运动的历史可以从三个层面上来讲，最基本的一个层面就是作为“历史事件”的义和团运动，然而关于这个事件的全貌，后来的历史学家已经不可能复原了，而只能根据当时的各种叙述——也可以说是各种“经历和经验”——来重建这一事件。当然，重建的结果只是提供了一个理解历史的视角，而不是一个完全的历史真实。这样就不可避免地使“历史”成为某种意义上的“神话”。[①] 套用这个说法，我们今天讨论“五四”，还需要从“事件”和“经历”的层面来重构“五四”的历史图景，譬如究竟有“一个‘五四’”还是“几个‘五四’”的问题，就涉及把“五四”的主体界定为“学生运动”，还是“新文化运动”，或是“新文化运动”必然导致“学生运动”，还是“学生运动”对“新文化运动”构成了“政治性的干扰”。这些看似事实层面的争

① 参见［美］柯文：《历史三调：作为事件、经历和神话的义和团》，杜继东译，南京：江苏人民出版社，2000年。

论，其实和“五四”的“神话性”密不可分。在作为“历史事件”的“五四”结束之后，它就在20世纪中国思想史上演变成一个“神话”，一个不断被讲述的“神话”。特别是在某种历史性的转折形成之际，现代中国思想几乎不可避免地要回到这个“神话”，把“五四”当作一个可以不断重临的“起点”。

20 世纪 80 年代毫无疑问属于历史的转折期，重新讲述“五四”成为那个时代最重要的“思想事件”之一。1979 年，即进入“80 年代”的前一年，亦即“五四”运动发生 60 周年，周扬发表了《三次伟大的思想解放运动》一文，认为中国现代历史上发生了三次伟大的思想解放运动：第一次是“五四”运动，第二次是延安整风运动，第三次是 20 世纪 70 年代末粉碎“四人帮”之后的思想解放运动。周扬说：“伟大的‘五四’运动到今天整整六十年了，‘五四’运动不仅仅是反帝反封建的政治运动”，这一对“五四”的评价和主流话语没有区别，重要的是后面这句话：“同时也是空前绝后的思想解放运动，中国有史以来还不曾有过这样一个敢于向旧势力挑战的思想运动，来打破已经存在了几千年的旧传统，推动社会的进步。没有民主思想的觉醒，不可能有民族意识的高涨，也不可能接受马克思主义的思想，把社会主义当作彻底改造中国的道路。”① 周扬的“五四”论述首先构造了当下的“思想解放”和“五四”之间的对应关系——因此，以后常常有人把“80 年代”和“五四”进行类比，呼吁回到“五四”——但更重要的是，《三次伟大的思想解放运动》在主流话语之外给“五四”另外定了一个基调，称其为“思想解放运动”或“思想启蒙运动”。这就有了“两个‘五四’”：一个是作为革命的政治运动的“五四”，另一个是作为启蒙的思想运动的“五四”。周扬虽然强调后者，但两者之间并不是相互取代、而是互相联系着的一对统一体，其中的关键就是他把“延安整风运动”也放在这个“思想解放运动”的谱系之中；可周扬的后来者更愿意绕过“延安”，把“五四”和“80 年代”直接对应，由此带来的问

① 周扬：“三次伟大的思想解放运动”，《光明日报》，1979－05－08。

题就是“政治运动”和“思想运动”的“统一体”破裂，“两个‘五四’”的故事需要重新讲述成“一个‘五四’”。

“一个‘五四’”的故事，关键要处理好“政治”与“思想”之间业已破裂的关系，对这一关系的处理就成为李泽厚《启蒙与救亡的双重变奏》[①] 的基调。在这本书里，“启蒙”和“救亡”是和“两个‘五四’”的论述联系起来的，作为革命的政治运动的“五四”与“救亡”相呼应，而作为启蒙的思想运动的“五四”则和“启蒙”相对应。他认为，以前这两者之间总没有一个明确的区分，譬如有人赞扬学生爱国运动而反对新文化运动，蒋介石在《中国之命运》中，就赞成学生爱国运动，但反对新文化运动。康有为、孙中山也有同样的认识，他们支持学生反对巴黎和会和日本人侵占青岛，但并不同情新文化运动；与此相对的则是胡适，认为“五四运动对新文化运动来说，实在是一个挫折”，他是支持新文化运动，而对学生运动有所保留了。[②] 不过，这其实是晚年胡适对“五四”的看法，早年他对学生爱国运动评价颇高。胡适在“五四”运动爆发后不久，就指出学生爱国运动对新文化运动有很大的推动和促进作用，使之从“校园”扩展到了全国。在1922年为申报50周年纪念刊写的《最近五十年中国之文学》中，胡适特别强调，新文化运动倡导白话文，主要还是在知识阶层里，对全社会的影响有限。但是经过学生爱国运动，发生了一个重要的变化，在爱国运动中，学生为了争取社会民众的同情，组织宣讲团，发行小册子，沿着铁路从北到南，不断地宣传爱国思想，而这些宣传大多数都用白话文，在这种情况下，“各地学生的团体忽然发生了无数小报纸，形式略仿《每周评论》，内容全用白话。此外又出了许多白话的新杂志……时势所趋，就使那些政客军人办的报也不能不寻几个学生来包办一个白话的附张了。民国九年以后，国内几个持重的大杂志，如《东方杂志》，《小说

① 李泽厚：《启蒙与救亡的双重变奏》，原载《走向未来》1986年创刊号，后收入他的《中国现代思想史论》，北京：东方出版社，1987年。以下引用该文均据《中国现代思想史论》。

② 参见胡颂平：《胡适之先生晚年谈话录》，北京：新星出版社，2006年。

月报》，……也都渐渐地白话化了。”所以，他认为学生爱国运动对白话文在全国的普及起到了一个关键性推动作用：“民国八年的学生运动与新文学运动虽是两件事，但学生运动的影响能使白话的传播遍于全国，这是一大关系。”[①] 晚年胡适之所以改变了对“五四”学生爱国运动的评价，称之为对“新文化运动”是一个“政治性的干扰”，是因为他受了中国共产党领导的中国革命胜利的刺激。中国共产党对于五四运动评价很高，但不是仅仅从新文化运动着眼，而是强调“五四运动”作为新民主主义革命的里程碑意义，特别是认为“五四运动”为中国共产党的成立做了思想上、干部上和组织上的准备，这种“回溯性建构”影响巨大，使得胡适也不自觉地接受了中共对于“五四”的这一叙述，从而改变了对五四学生爱国运动的评价和态度。胡适转而强调思想启蒙运动所宣传的科学和民主不会最终导致社会主义，科学和民主的理念和社会主义的理念之间是冲突的。很显然，这是自觉地与中国共产党的“五四”论述进行对话，但是，以“新民主主义论”为核心的“五四”论述并不认为“五四”时期的科学和民主具有社会主义的性质，而是肯定其资产阶级的属性，并使之成为一个需要发展但最终会被克服并加以超越的阶段。晚年胡适总结历史教训，把“五四”爱国学生运动看成是一种“挫折”和“干扰”，实际上还是被中国共产党的“五四”论述所规定。

从历史的层面看，“一个‘五四’”还是“两个‘五四’”涉及一个关键问题，即“五四运动”这个词是谁最早提出来的。李泽厚援用的仍是胡适的说法。1935年纪念五四运动16周年时，胡适在《独立评论》上发表的《回忆五四》指出，“五四运动”这个词最早是由罗家伦提出来的，依据是1919年5月26日罗家伦在《每周评论》上用笔名“毅”发表了《五四运动的精神》一文。然而根据周策纵《五四运动史》“学生大罢课”一节记载：“北京18所大专学校的学生在

① 参见胡适：“五十年来中国之文学”，载《胡适学术文集·新文学运动》，北京：中华书局，1993年。

5月18日召集了一个学生联合会的紧急会议。会上决定于5月19日进行全体学生大罢课”，他们的“罢课宣言”是：“外争国权，内除国贼，‘五四运动’之后，学生等以此呼吁我政府号召我国民，盖亦数矣，而未尝有纤微之效，又增其咎。”显见“五四运动”在5月18日已经是一个通行的词语了，所以罗家伦并非“五四运动”这个词语的“始作俑者”。况且“罢课宣言”是发给“各省省议会、教育会、商会、农会、工会、各学校、各工团、各报馆”，是一封“告全国人民书”，可以想象“五四运动”一词由此开始有了全国的影响力。胡适特别看重《五四运动的精神》一文的意义，是因为他发现罗家伦的文章虽然是讨论学生爱国运动，但没有把“五四运动”局限在“学生运动”上，而将其“精神”指向了“新文化运动”，这样就可以把“两个‘五四’”联系起来了。

二、“启蒙”与“救亡”的互动

李泽厚认为“两个‘五四’”的关系是“极密切联系而视为一体”，所以在他看来，“启蒙”和“救亡”之间构成“互动”。李泽厚首先指出“五四运动”的核心是一场思想解放运动，表现为对中国传统文化的批判，批判的火力点对准的是儒学，而对儒学的批判又集中在对其核心价值“三纲五常”的批评。所谓“打倒孔家店”不等于“打倒孔子”，这两者是不能混淆的。但紧接着的问题是为什么要反传统？为什么要反对以“三纲五常”为核心的家族制度？背后更深层次的原因是什么？李泽厚不像今天许多做思想史研究的人那样，只问其然，不问其所以然，简单一句“‘五四’反传统”就把问题打发了，而是进一步追问，这种反传统背后的动力是什么？他的回答是，这个动力仍然来自于现实政治的刺激。

辛亥革命后中国建立了中华民国，是远东第一个民主共和国，选择的政体和国体是世界上最先进的美国式“三权分立”，在表面上拥有一个民主共和国的架构，但上演的却是民国之后袁世凯称帝、张勋复辟还有北洋政府的贿赂选举……这一系列政治上的闹剧使中华民国面临着巨大的“共和危机”和“宪政危机”。[①] 由此，辛亥革命之后的中国虽然有了所谓的民主政治，却仍然不可避免地走向专制。而“政治制度”的危机必然带来所谓“文化取向”的危机，因为“民主制度”拿来之后，水土不服，有识之士很容易提出这样的问题：是不是这个土壤本来就有问题，才会导致这个恶劣的局面呢？当年陈独秀是这样发问的，他在1916年发表了两篇文章，《一九一六》与《吾人最后之觉悟》。[②] 在《吾人最后之觉悟》中，陈独秀回顾“自西洋文明输入吾国”的历史，“最初促吾人之觉悟者为学术，相形见绌，举国所知矣，其次为政治。……继今以往，国人所怀疑莫决者，当为伦理问题。”这才引出了最有名的那句论断：“吾敢断言曰，伦理之觉悟为吾人最后觉悟之觉悟。”这就已经从“政治”转到“伦理”上去了，即由“政治制度”的危机带来了“文化取向”的危机。这个转变是如何发生的？《一九一六》指出：“……吾国年来政象，惟有党派运动，而无国民运动也。”当时面临的最大问题还是民主政治的混乱——特别是北洋政府的贿赂选举，议员名誉扫地，被称为“猪仔”，意思是可以任意出价买卖选票——“民主”完全变成少数有权有势者的专利，与广大民众丝毫没有关系，所以，陈独秀才痛心疾首，“政治”如果“不出于多数国民之运动，其事每不易成就；即成就矣，而亦无与于国民根本之进步。”在《吾人最后之觉悟》中，他表达了同样的看法：“今之所谓共和，所谓立宪者，乃少数政党之主张，多数国民不见有若何切身利害之感而有所取舍也。……立宪政治而不出于多数国民之自觉、多数国民之自动，惟曰仰望善良政府、贤人政治，其卑屈陋劣，与奴隶之希冀主恩、小民之希冀圣君贤相施行仁政，无以异也……”

---

① “共和危机”与“宪政危机”之间的关系，可以概括地称之为“民国危机”，关于这一危机以及对五四新文化运动的影响问题，我将另有专文具体讨论。需要指出的是，以往的“五四”思想史研究基本上没有处理“共和”和“宪政”问题，而在我看来，这是“五四运动”得以展开的一个非常重要却经常被人们忽略的历史前提。

② 两文分载《青年》一卷5号、6号。

但与《一九一六》不同的是，在这篇文章中，陈独秀有一个从“政治”到“文化”的重要的过渡：虽然中国现在是一个民主共和国，但在走向共和之后，却发现“民主”是由少数党派来决定，而与大多数国民没有实质关系。从更深的层面来看，会发现这不仅仅是中国的问题，也是代议制民主本身的问题，即议会议员之类代议制的民主体制，究竟能不能代表大多数国民的声音和利益？针对这个问题，陈独秀指出，如果代议制民主有问题的话，那么广大的国民就不能和民主政治之间建立起一种有机的联系。在政治结构上的这个类比非常关键，它引出了政治制度的危机向文化取向危机的转化。当时“多数国民”的心理结构还停留在专制体制的层面，要唤起民众的觉悟，自觉争取民主，就必须要在文化心理层面有所突破。这个突破是怎样的呢？陈独秀认为：“儒者三纲之说为吾伦理政治之大原……近世西洋之道德政治，乃以自由、平等、独立之说为大原……此东西文化之一大分水岭也……此而不能觉悟，则前之所谓觉悟者，非彻底之觉悟，盖犹在徜徉迷离之境。吾敢断言曰，伦理之觉悟为最后觉悟之觉悟。”很显然，中国专制制度的根源就在“三纲五常”的家族制度上，特别是“三纲”，恰好是从家庭的秩序推演到国家的秩序和政治的秩序。五四新文化运动为什么反对中国传统文化，反对儒教，特别是其核心——三纲五常，其动力其实来自于现实的政治危机。

从陈独秀的“伦理觉悟”中，可以看出启蒙和救亡之间的“互动”关系：他受现实政治的刺激才转到对思想文化的反思，而并不像自己宣称的那样——即《青年》杂志办刊宗旨——“批评时政，非其旨也。”具体而言，办《青年》杂志的最初动力和出发点还是来自现实政治，只不过他认为要根本改变现实的政治局面，首先要从思想文化着手。1917 年，胡适也曾说过“二十年不谈政治”，但第二年他就和蔡元培发表了“好政府主义”的宣言。对此，李泽厚下过一个断语：“启蒙的目标，文化的改造，传统的扔弃，仍是为了国家、民族，仍是为了改变中国的政局和社会的面貌。它仍然没有脱离中国士大夫‘以天下为己任’的固有传统，也没有脱离中国近代的反抗外侮，追求富强的救亡主线。”

即“启蒙”的目的还是为了“救亡”，他没有简单地把两者对立起来。历史地看，五四新文化运动的倡导者和受益者，在遇到巴黎和会所带来的外交危机时，加入学生爱国运动、反帝政治运动中去乃是一件很自然的事情，因为他们思想的出发点本来就是现实政治，当遇到现实政治的大危机时，怎么能不挺身而出？

由此不难看出，新文化运动是从政治危机的问题开始起步的，它的落脚点本来应该在思想文化的批判上，但最终还是落实在救亡爱国的主题上。李泽厚认为，即使这样，“启蒙没有立刻被救亡所淹没；相反，在一个短暂时期内，启蒙借救亡运动而声势大张，不胫而走。救亡把启蒙带到了各处，由北京、上海而中小城镇。”这也就是胡适说的“时势所趋，就使那些政客军人办的报也不能不寻几个学生来包办一个白话的附张”；这也导致了中国教育制度的改变，教育部要求从 1921 年开始小学一年级的课本改用白话文，以后白话课本的推行依次类推，胡适在描述这段变化时非常自豪地说：“从此以后，白话可以公然叫国语了。”这些影响深远的变革和五四运动有着莫大的关系。李泽厚进一步指出：“启蒙又反过来给救亡提供了思想、人才和队伍”，他发现那些参与爱国学生运动的骨干分子，绝大多数都是新文化运动的积极倡导者和参与者，这两者也构成了一个互动关系。但是这样的局面并没有持续多久，在“六三”罢工罢市之后，马上就面临一个“五四落潮”的问题，也就是互动的结构被破坏了，“救亡”压倒了“启蒙”，这一历史性的变化又是如何形成的呢？

三、“五四落潮”与“大革命”思路的兴起

近些年的研究已经清楚地显示，五四新文化运动的效果并不完全体现在思想观念上有多大的突破，譬如陈独秀的有些说法好像对传统抨击得非常厉害，其实他也只是延续了近代以来，从康、梁开始的对传统文化批评的思想线索。就激烈程度而言，对传统文化的批判可能没有人能够超过戊戌变法时代的谭嗣同，他在《仁学》中完全否定了中国两千年

来的历史：“二千年来之政，秦政也，皆大盗也；二千年来之学，荀学也，皆乡愿也。惟大盗利用乡愿；惟乡愿工媚大盗。二者相交相资，而罔不托之于孔。”这种说法后来被李大钊借鉴，他在1919年1月发表的《乡愿与大盗》中说：“中国一部历史，是乡愿与大盗结合的记录。大盗不结合乡愿，作不成皇帝；乡愿不结合大盗作不成圣人。所以我说，真皇帝是大盗的代表，圣人是乡愿的代表。到了现在，那些皇帝与圣人的灵魂，捣复辟尊孔的鬼，自不用提，就是这些跋扈的武人，无聊的政客，那个不是大盗与乡愿的化身呢!”[①] 从思想的延续上来看，五四新文化运动不是一个断裂，它依然是中国近代思想发展历史中的一环。

但对于“五四”的研究又不能仅仅停留在思想的层面，新文化运动更重要的方面在于它还有一个实践的层面。这是“五四”以前所有思想家根本做不到，甚至无法想象的。具体而言，五四新文化运动的实践体现在两个方面：一是这种实践深刻地改变了中国社会中普通人的生活，特别是普通青年的生活。这就是说，它不仅是一种高调的言论和理想，而且也落实为一种具体的生活方式。比较突出的是“五四”时期对婚姻制度的批判，反对“父母之命，媒妁之言”，强调婚姻自由。只有在这样的背景下，《伤逝》中的子君才能说：“我是我自己的，谁也没有干涉我的权利。”婚姻爱情问题为什么会成为社会争论的一个焦点，还包括与此相关的妇女剪发、男女同校等问题，原因在于，这些问题的提出标志着新文化和新思想真正触动了日常生活的结构和人们的行为方式；二是“五四”在强调个人解放的同时，也重视对于整个社会的改造，它使青年在个体解放的基础上还瞩目于未来的美好社会：将来的美好社会不单要超越中国传统社会的诸多局限，而且也要克服西方社会的许多弊端。更关键的是，这个理想社会对于当时的青年来说，绝不是纸上谈兵，而是需要付诸实际行动的社会工程。所以，在五四运动期间，全国各地涌现出一系列社会乌托邦运动，当时比较有名的有“工读互助

---

① 李大钊：“乡愿与大盗”，《李大钊文集》下卷，北京：人民出版社，1984年，第125页。

团”“新村运动”等。从这些乌托邦工程可以看到，五四运动具有一种非常强大的改变社会生活方式的力量和构想未来乌托邦的力量，以往的社会变革常常不具备这种力量。

可以说，“五四运动”对社会改造的程度大大超过“戊戌变法”，在日常生活层面上的影响则要比“辛亥革命”来得更为具体。即使这样，当时整个社会并没有发生根本的改变，依然是黑暗深重：无论是从家庭出走的个体反抗，还是组织理想社会的群体实践都可能碰壁，最后归于失败。从家庭出走的个体反抗，马上面临鲁迅所说的“娜拉走后怎样”的难题，要么回来，要么堕落；组织理想社会的群体实践则问题更大，它作为一个意志的因素，镶嵌到现实社会中，要么不能维持下去，要么就被这个社会结构所同化，根本没有办法保持“乌托邦”的理想。甚至连许多“五四运动”的积极参与者也有的高升、有的退隐、有的被黑暗吞噬、有的成了黑暗的一部分……这就是“五四落潮”。以往对“五四落潮”的理解，往往简单地认为“五四思想”好像行不通了，其实不然。“五四落潮”的原因主要不在思想的层面，甚至可以说，随着“五四落潮”，“五四”所宣传的许多思想诸如婚姻自由、个性解放等已经被越来越多的人接受，在某种程度上已经成了社会“常识”。但问题就在于，按照这种常识来实践，或者利用这种常识来改造社会却碰到了越来越多的问题，思想与现实的巨大落差导致了实践的不可能性，这才是“五四落潮”的根本原因。

“五四落潮”以后，人们对以上两个问题的反省，就很容易走到社会主义的思路上，特别是受到“经济决定论”的影响。针对个体解放，鲁迅在《娜拉走后怎样》中指出，“梦是好的；否则，钱是要紧的”。他所谓“爱必有所附丽”，指的是人和人之间其实很难讲抽象的爱情，都被社会基础所决定，没有无缘无故的爱，爱的背后一定联系着特定的社会地位和经济基础。这种反省就把个体解放问题延伸到经济基础上去了，所以鲁迅强调：“在目下的社会里，经济权就见得最要紧了。第一，在家应该先获得男女平均的分配；第二，在社会应该获得男女相等的势力。可惜我不知道这权柄如何取得，单知道仍然要战斗；或者也许比要求参政权更要用剧烈的战斗。”[①] 怎么才能取得“经济权”呢？进而在根本上改变社会的“经济制度”，这就必然涉及对组织理想社会群体实践的反省。“工读互助团”的一个早期成员，后来加入中国共产党的施存统就意识到问题所在：“我从此觉悟要拿工读互助团为改造社会的手段是不可能的，要想拿社会来改造以前，试验新生活是不可能的；要想用和平渐进的方式来改造社会的一部分也是不可能的。改造社会要用激进的方法转进社会里去，从根本上谋全体之改造。”“从根本上谋全体之改造”是关键所在，“五四落潮”之后“救亡压倒启蒙”，并不是“启蒙”被完全放弃，而是当时对“五四”的反省，集中想找到解决中国问题的一揽子方案：中国的问题多而复杂，怎么办？一点一滴地改革，慢慢地启蒙，都不能起到很好的效果，反而可能被黑暗的社会所吞噬，所以要找到一个根本解决的方法，就必然要走到“大革命”的思路上。

“大革命”的思路集中体现在对马克思主义的接受上。共产主义在中国的兴起，特别是马克思主义在中国的传播，关于这个问题有很多研究和争论。李泽厚当时的分析思路是，既然对“五四”的反省是要找到一个根本解决的方案，那就必须解决两方面的问题：一方面需要一种学说、一个理论能够使人们在诊断社会问题时，抓住核心所在，并且相信解决了这个核心问题，其他所有附带的问题都能够得到解决。余英时在《中国近代思想史上的胡适》中指出，“五四”时期曾经影响很大的“实验主义”就不具备这样的品格。实验主义的口号是“大胆地假设，小心地求证”，不可能给出一个一揽子解决的方案，抓不住核心的问题，而马克思主义则具有这种“决定论”的品格，所以它在与马克思主义的竞争中败下阵来了；[②] 另一方面则需要有一个成功的范例，当时各种学说特别多，而与马克思主义类似的社会主义的学说也有很多：新村主义、基尔特社会主义、工团社会主义……马克思主义的社会主义其实只

---

① 鲁迅：“娜拉走后怎样”，《鲁迅全集》第1卷，北京：人民文学出版社，1981年。

② 参见余英时：《中国近代思想史上的胡适》，台北：联经出版公司，1998年。

是诸多社会主义中的一种，特别是无政府主义，在中国的影响极大，很多马克思主义者之前都是无政府主义者。但为什么马克思的社会主义能发挥这么大的作用，对中国人来说有特别大的感召力量呢？这就是“十月革命的一声炮响，给中国送来了马克思主义的曙光”，也即俄国革命成功——俄国是一个和中国类似的处于发达资本主义世界边缘地区的国家，采用了马克思主义的理论学说，取得了社会主义革命的胜利——给中国以巨大的启示。李泽厚认为，“马克思主义之所以战胜无政府主义，与其说是在理论上弄清了两者的社会理想和革命原则貌似而实非的差异，不如说主要是由于马克思列宁主义有一套切实可行已见成效（十月革命）的具体行动方案和革命的战略策略。”正是两方面结合在一起：马克思主义决定论的品格和马克思主义指导下俄国革命的胜利，使得“五四落潮”的中国接受了马克思主义的一整套政治解决社会问题的方案。

在“问题与主义”的论争中，李大钊的《再论问题与主义》[①] 一文就把上述两个方面较充分地表达出来了。他首先指出：“依马克思主义的唯物史观，社会上法律、政治、伦理等精神的构造，都是表面的构造。他的下面，有经济的构造作他们一切的基础。经济组织一有变动，他们就跟着变动。”这还是理论的论述，接下来的话就很具有感召力了，“换一句话说，就是经济问题的解决，是根本解决。经济问题一旦解决，什么政治问题、法律问题、家族制度问题、女子解放问题、工人解放问题，都可以解决。可是专取这唯物史观（又称历史的唯物主义）的第一说，只信这经济的变动是必然的，是不能免的。”这一点对应的是马克思主义的“决定论”品格，但光注意到“经济问题”这一点是不够的，更关键的是“第二点”：“而于他的第二说，就是阶级斗争说，了不注意，丝毫不去用这个学理做工具，为工人联合的实际行动，那经济的革命，恐怕永远不能实现……”这就是马克思主义阶级斗争的学说，而阶级斗争的学说在俄国革命的实践中落实为列宁主义。阶级斗争学说

① 载《每周评论》第35号。

要求工人阶级自己起来争取革命的胜利，进行无产阶级革命；而无产阶级革命要想成功，必须走列宁主义的道路；列宁主义的核心就是“建党学说”，无产阶级队伍要产生一个先锋队，这个先锋队就是“党”，“一支有铁的纪律的、全党服从中央的、以职业革命家为核心和领导所组成的队伍”，在党的领导下无产阶级革命才能获得成功。第二点显然来自俄国革命成功的经验带给中国的启示。所以马克思主义在中国的传播，必然要接受列宁主义，而列宁主义建党学说则促成了中国共产党的成立，在这里思想和历史的线索是一环紧扣一环的，中国共产党的成立与对中国社会问题的整个诊断是联系在一起的。用李大钊的话来说，“救亡压倒启蒙”的历史条件是“唯物史观”和“阶级斗争”。李泽厚在这里做了一个比较，1916 年的陈独秀说，伦理之觉悟为“吾人最后觉悟之觉悟”，追根溯源希望在文化取向上进行一场革命，充分体现出“启蒙”的必要性；只不过几年时间，到了李大钊，则认为阶级斗争的觉悟才是最后觉悟之觉悟，表现出来的是“救亡”的强烈要求。但不要把这儿所说的“救亡”简单地理解为要亡国了，所以要救这个国家。“救亡”其实是基于对中国社会的诊断而提出的一整套解决方案。譬如有不少人会认为“战争”与“救亡”有直接的关联，的确，战争在很大程度上改变了中国社会的面貌，五四运动和第一次世界大战也有相当密切的关系。但是，不能把“救亡”和“战争”直接等同起来，因为“救亡”背后包含的真正问题是“中国究竟向何处”去，这是一个深刻的危机，战争只不过是加剧了这个危机，而这个危机并不完全是由战争带来的。这样我们才能理解李泽厚为什么把“救亡压倒启蒙”落实在马克思主义在中国的传播上，因为大革命思路的兴起，一套新的解决中国问题的方案浮出历史地表，这才是“救亡”的深刻内涵。

1921 年中国共产党成立之后，中国碰到的所有问题都被转化为政治斗争，斗争的战略和策略问题不再仅仅被看作是思想文化的问题，即使中国共产党非常注重在思想文化战线上展开工作，但它的目的还是为了“政治”服务。而这个“政治”，和当年陈独秀讲的那个“政治”既有联系又有重要的区别：新的政治诉求依然强调“大多数国民”的相关性，但相关性已经不在“代议制民主”的框架中了，它指向新的以“革命”为特征的“大众民主”了。而李泽厚则是从“个体自由”和“群体解放”的关系角度来理解“救亡压倒启蒙”的：“对马克思列宁主义的接受、传播和发展，主要是当时中国现实斗争的需要，而不是在书斋里透彻分析研究了西方自由主义理论学术所得的结果。这是因为建党以后，面临的便是十分紧迫激烈的政治军事斗争和革命斗争，是人们来不及作任何理论上思想上的深入研究，便走上行动舞台。反对帝国主义和反动军阀的长期的革命战争，把其他一切都挤在非常次要和从属的地位；更不用说从理论上和实际中对个体自由个性解放之类问题的研究和宣传了。五四时期启蒙与救亡并行不悖相得益彰的局面并没有延续多久。”“两个‘五四’”的论述，在这里分别对应了“个体自由”和“群体解放”。李泽厚认为，尽管“两个‘五四’”后来演变成两条阐释的线索，一些人很重视政治化的“五四”，另一些人则看重启蒙化的“五四”，但在“五四”时期，“启蒙”和“救亡”两者曾经相得益彰，构成了某种良性互动的局面，但这样一个局面，随着马克思主义在中国的传播和大革命思路的兴起，“时代的危亡局势和剧烈的现实斗争，迫使政治救亡的主题又一次全面压倒了思想启蒙的主题。”

四、“西体中用”：“补课说”与“何种”现代化

李泽厚写作《启蒙与救亡的双重变奏》这篇长文，不只是出于思想史的兴趣，更不是书斋里的“纯学术”，与“五四”时期的知识分子相类似，他研究的动力依然来自现实。关于这一点，先得从“封建主义”这个关键词说起。按照“社会发展简史”式理解，人类历史的发展从原始社会、奴隶社会、封建社会到资本主义社会，再到社会主义社会，一个阶段也绕不过去；而在西方思想史中，也一直有所谓能不能跨越“卡夫丁峡谷”的讨论，就是认为人类社会的发展是否一定要经过资本主义社会，才能够迈向更高的阶段，人类历史的发展规律是否可以跨越这个“资本主义”的峡谷？两种意识形态对历史规律的理解具有

明显的差异，但都涉及是否可以从“封建社会”直接发展到“社会主义”的问题，现代中国历史的微妙之处恐怕也在于此。

“五四”时期倡导的“德先生”和“赛先生”——即民主和科学——可以追溯到欧洲18世纪的启蒙运动中，再加上自由和人权，这些观念构成了资本主义社会和资产阶级的核心价值观念。即使在毛泽东的《新民主主义论》中，他也不否认中国革命发展的过程必然包含着资产阶级革命的阶段。所以，五四运动用来反封建、反传统的观念是资产阶级的核心价值理念，这本身并不构成问题，用毛泽东1939年纪念五四运动20周年时的说法，“五四运动称为文化革新运动，不过是中国反帝反封建的资产阶级民主革命的一种表现形式。”① 但在李泽厚看来，这个“反封建”的阶段太短了，还没有真正把这个过程展开，就碰到了两方面的挫折，一是现实的黑暗，二是马克思主义在中国的传播，而马克思主义构成了对资产阶级核心价值观念的批判，社会主义的思潮本身就建立在对资本主义的克服上。这就使中国现代思想演进的过程迅速放弃了对自由、民主和人权这些价值理念的追求。因此，他觉得这个演进中缺了一环，缺的这一环就可能带来“封建主义”的复辟。

所谓“封建主义复辟”指的是，本来应该在资本主义民主革命充分展开后，才可能清洗封建主义的余毒，然后再在这个基础上进行社会主义革命，但在中国现代历史的发展中，这个过程很短暂。在这样的情况下，马克思主义在中国的传播，很有可能使“封建主义”借尸还魂：“具有长久传统的农民小生产者的某些意识形态和心理结构，不但挤走了原有那一点可怜的民主启蒙观念，而且这种农民意识和传统的文化心理结构还自觉不自觉地渗进了刚学来的马克思主义的思想中。特别是现实斗争任务要求马克思主义中国化，和在各种方面（包括文化和文艺领域）强调民族形式的形势下。所以，无论是北伐初期或抗战初期的民主启蒙之类的运动，就都未能持久，而很快被以农民战争为主体的革命要

---

① 毛泽东：“五四运动”，《毛泽东选集》合订本，北京：人民出版社，1968年，第522页。

求和现实斗争所掩盖和淹没了。”这就是说，一方面因为资产阶级民主启蒙运动太短暂，使得封建主义的毒害未被消除；另一方面马克思主义的传播又构成了对资本主义的批判，封建主义就有了借尸还魂的可能。①

这一套看起来颇为繁复的论述，实际上有着相当鲜明的现实针对性。20 世纪 70 年代末期，中国共产党工作重点发生转移：从阶级斗争到经济斗争；意识形态也发生了相应的转换：从革命叙事到现代化叙事……由此就要把自身的合法性建立在对之前历史的否定上，但对之前历史的否定又不能动摇自身所依靠的意识形态根基。为了克服这一矛盾，一系列有意味的修辞就发挥了特别重要的作用。“封建主义”就是其中一个关键词，这样就可以把之前社会中的很多弊端，都说成是封建主义的余毒。譬如对领袖的“个人崇拜”，就很容易描述为“帝王思想”的表现。李泽厚透过对“启蒙和救亡”关系的叙述，几乎是水到渠成地与那个时代的政治修辞建立了直接的联系：“一九四九年中国革命的成功，曾经带来整个社会和整个民族的文化心理结构的大震荡，某些沿袭千百年之久的陈规陋习被涤除。例如，男女在经济上政治上观念上的家务劳动上的空前平等，至少在知识界和机关干部中，已相当现实地实现。这当然是对数千年陈旧传统的大突破，同时甚至超过了好些发达的资本主义国家。‘解放’一词在扫荡种种旧社会的和观念的污泥浊水中，确曾有过丰富的心理含义。”这是先扬后抑，关键落在“但是”上：“但是，就在当时，当以社会发展史的必然规律和马克思主义的集体主义的世界观和行为规约来取代传统的旧意识形态时，封建主义的

① 在 20 世纪 80 年代的语境中，对于所谓“封建主义”的批判，对应的就是“思想解放”的要求，在另一篇讨论“思想解放”问题的文章中，周扬指出：“还有在讲阶级斗争的时候，多少年来只反资产阶级思想不反封建思想，不反小资产阶级思想。实际上，我们国家的封建思想和小资产阶级思想是大量的。过去毛主席对小资产阶级思想批判得多，但是后来他提出，不要讲小资产阶级思想，小资产阶级思想就是资产阶级思想。这么一句话，就不批小资产阶级思想了，只提资产阶级思想。封建思想他根本不提。还有封建思想嘛。民主革命在思想方面没有搞彻底。”（周扬：“思想解放和社会主义现代化建设”，载《周扬文集》第五卷，北京：人民文学出版社，1994 年，第 331—332 页。）

‘集体主义’却又已经在改头换面地悄悄地开始渗入。”

需要注意的是，“封建主义的‘集体主义’”是什么意思？还是要从“五四”时期说起，当时陈独秀等人不就是认为中国是以家族为本位的，而西方是以个体为本位的，中国的传统一直是忽略、不尊重个人，强调“个人是革命的螺丝钉”和这一传统不就是一拍即合吗？“封建主义”和“集体主义”画上了等号，由此带来了一系列问题：“否定差异泯灭个性的平均主义、权限不清一切都管的家长制、发号施令唯我独尊的‘一言堂’、严格注意尊卑秩序的等级制、对现代科技教育的忽视和低估、对西方资本主义文化的排拒”……这些都是革命和社会主义带来的弊端，但在修辞上却是笔锋一转，归结到“封建主义”的余毒：“随着这场‘实质上是农民革命’的巨大胜利，在马克思主义的社会主义或无产阶级集体主义名义下，被自觉不自觉地在整个社会以及知识者中延漫开来，统治了人们的生活和意识。以‘批判资产阶级小资产阶级个人主义’为特征之一的整风或思想改造运动，在革命战争时期曾大收实效；在和平建设时期的一再进行，就反而阻碍或放松了对比资本主义更落后的封建主义的警惕和反对。特别是从20世纪50年代中后期到文化大革命，封建主义越来越凶猛地假借着社会主义的名义来大反资本主义，高扬虚伪的道德旗帜，大讲牺牲精神，宣称‘个人主义乃万恶之源’，要求人人‘斗私批修’作舜尧，这便终于把中国意识推到封建传统全面复活的绝境。”从“五四落潮”到文化大革命的爆发，有一条线索被看作是“封建主义”的大复辟。对这条线索的梳理就为新的意识形态转换奠定一个基础：“以至‘四人帮’倒台之后，‘人的发现’‘人的觉醒’‘人的哲学’的呐喊又声震一时。‘五四’的启蒙要求、科学与民主、人权和真理，似乎仍然具有那么大的吸引力量而重新被人发现和呼吁，拿来主义甚至‘全盘西化’又一次被提出来。”李泽厚颇为感叹：“这不是悲哀滑稽的历史恶作剧么？绕了一个圈，过了七十年，提出了同样的问题？”

“五四”在这儿又似乎再次成为了一个新的“起点”。按照李泽厚隐含的逻辑，重新出发就是要补资本主义这一课。因为现在这个社会貌似社会主义，骨子里却充满了“封建主义”的“余毒”，要克服封建主义，成为真正的社会主义社会，就必须“补课”。[①] 事实上，李泽厚并不认为中国一定要复辟资本主义——“补课”不等于“复辟”——也认识到资本主义本身具有极大的弊端，但从历史进步的意义上，“资本主义”是高于“封建主义”的，而“资本主义”的“弊端”也必然将被“社会主义”所克服，但它进步的思想成果却为未来的“社会主义”所包含。所以，他的“补课说”也是一种“回溯性的建构”，从“马克思主义”和“社会主义”的视野出发，强调发展“资本主义”的必要性：“马克思主义本来诞生在西方近代民主主义和个人主义高度发展了的资本主义社会中，它吸取了资本主义自由、平等、民主、人道等一切优良的传统和思想。……《共产党宣言》也才有‘每个人的自由发展是一切人自由发展的条件’这样鲜明而深刻的基本命题。”但在马克思主义中国化的过程中，却没有经过这个阶段：“中国近代却没有这个资本主义历史前提，漫长的封建社会和半殖民地半封建社会之后，紧接着便是社会主义社会。无论在社会的政治经济结构上和人们的文化心理结构上，都没有经过资本主义的洗礼。也就是说，长久封建社会产生的社会结构和心理结构并未遭受资本社会的民主主义和个人主义的冲毁，旧的习惯势力和观念思想仍然顽固地存在着，甚至渗透了人们的意识和无意识的底层深处。这也就难怪它们可以借着社会主义和集体主义衣装，在反对资本主义自由民主和个人主义的旗帜下，在文化大革命中甚至以

① 早在 1979 年出版的《中国近代思想史论》中，李泽厚就提出了“补课说”：“五四运动提出科学与民主，正是补旧民主主义革命的思想课，又是开新民主主义革命的启蒙篇。然而，由于中国近代始终处在强邻四逼外侮日深的救亡形势下，反帝任务异常突出，由爱国而革命这条道路又为后来好几代人所反复不断地在走，又特别是长期处在军事斗争和战争形势下，封建意识和小生产意识始终未认真清算……一方面，历史告诉我们，经济基础不改变，脱离开国家、民族、人民的富强主题，自由民主将流为幻想，而主要的方面，则是没有人民民主，封建主义将始终阻碍着中国走向富强之路。从而，科学与民主这个中国资产阶级革命所尚未实现的目标，倒成了今天无产阶级社会主义革命的巨大任务。特别是当封建主义穿着社会主义的衣裳，打着反资本主义的幌子，实际是把中国拉向封建法西斯的时候，这一任务的重要性、急迫性和艰巨性就更突出了。”（李泽厚：“二十世纪初资产阶级革命派思想论纲”，《中国近代思想史论》，北京：人民出版社，1979 年，第 311 页。）

前，轻车熟路地进行各种复辟了。于是，‘文革’之后人们便空前地怀念起‘五四’，纪念起‘五四’来。”在“封建主义”修辞的背后，是对现代中国历史的一种叙述，这种叙述的目的是让“当代中国”重新回到“五四”，而“五四”也不是历史中那个实际存在的“五四”，而是被再次神话化了的“五四”。在这个意义上，它被赋予了历史发展“必修课”的地位，“回到‘五四’”构成了补“资本主义”这一课的前提。

很多人认为李泽厚的文化态度颇有几分暧昧，从他与传统的关系来看，甚至迹近于“新儒家”，譬如他的《中国古代思想史论》对中国传统文化心存敬意，对“五四”“反传统”思潮也怀抱反省。但李泽厚从来不承认自己是“新儒家”，一直坚持自己是一个“马克思主义者”。①我觉得在这个问题上，杜维明对李泽厚的一个概括颇为精当，他说李泽厚的文化态度是认为中国传统中的精华都必须经过马克思主义的淘洗，而马克思主义包含了人类崇高的理想和西方社会的核心观念，他要看这种理想和观念在与中国传统特别是儒家思想进行碰撞，加以“淘洗”之后会产生什么样的新东西。这也是李泽厚夫子自道的“西体中用”即“中国式的社会主义现代化道路”。因此，李泽厚说补“资本主义”这一课，在某种程度上也是一种“修辞”，明眼人一看就会想到，能不能补这个课，谁给你补这个课，有没有补这个课的条件……这些问题是绕不过去的。李泽厚也意识到这一点，以往讲“两个‘五四’”，原来一直强调的是作为政治运动的“五四”，那么，现在肯定作为启蒙运动的“五四”，自然会注重思想救国、文化救国和教育救国，“除了接受马克思列宁主义参加救亡——革命这条道路之外，另一条继续从事教育、科学、文化等工作的启蒙方面，也应该得到积极的评价。”但对后一条路向，李泽厚还是有所保留，因为“思想救国”之类对中国社会的面貌会有突破性的改变吗？他对此并不乐观：“‘多研究些问题’所

---

① 参见李泽厚：《马克思主义在中国》，香港：明报出版社，2006年，特别是《再谈马克思主义在中国》这一部分。

取得的成就，最多只能限于学术文化科学教育等领域中非常有限的课题了。这就是现代中国的历史讽刺剧。封建主义加上危亡局势不可能给自由主义以平和渐进的稳步发展。”现代中国历史没有给“启蒙”一个必要的条件，相反，它需要的另一条道路，“解决社会问题，需要‘根本解决’的革命战争。革命战争却又挤压了启蒙运动和自由理想，而使封建主义趁机复活”，使得这条历史必由之路充满危机，包含着难以克服的内在悖论。所以，他并不认为是由于历史走错了路，今天才要重新“补课”。

李泽厚“补课说”的前提是，20 世纪 70 年代末 80 年代初中国拥有了新的历史条件，与前半个多世纪相比，今天不再是处于危机时刻，不再是所有思想文化方案都难以推行的艰难时刻了。在这样的情况下，他提出了与“补课说”相关，但更具有建设性的一个重要概念——“转换性的创造”。这和林毓生追求中国传统的“创造性转化”的概念颇有几分相近之处，但中心词的调换，也显示出两者的微妙区别：在林毓生的表述中，中国传统是本位的，这个传统经过转化，产生出新的因素，但这种新因素还是从传统里“创造”出来的；[①] 但在“转换性的创造”中，“传统”不再是最终的价值依据，“创造”出的“新因素”也不再以传统作为皈依，“转换性的创造”的立足点在“创造”上而不在“转换”上。所谓“创造”，不止于思想观念的突破，而是和马克思主义和社会主义的视野结合在一起，特别强调“经济基础”的改变。在李泽厚的理解中，马克思主义基本原理是唯物史观，“唯物史观并不是简单的经济决定论，而是讲的一个社会结构，其中有政治、经济、文化、宗教，他们是相互影响的，不是经济可以随时决定一切的。但是从整个人类历史来看，经济还是最基本的。”[②] 既然中国的传统是和小农经济结合在一起的，要“转换”中国的传统，最根本的“创造”就是

① 参见林毓生：《中国传统的创造性转化》，北京：生活·读书·新知三联书店，1988 年。

② 李泽厚：“要改良不要革命”，《告别革命》，香港：天地图书出版公司，2005 年，第 295 页。

要改变小农基础的社会：“《中国古代思想史论》一书中强调指出了农业小生产的家族宗法制度是儒墨两家生存延续的根本基石。正是由于后者没有根本的变动，才使‘中国近代这种站在小生产立场上反对现代文明的思想或思潮，经常以不同方式或表现式爆发出来，具有强烈的力量。得到了广泛的响应，在好些人头脑中引起共鸣’。所以文化大革命尽管批孔，却仍然使封建主义大泛滥。”就这样，李泽厚把“经济基础决定上层建筑”的马克思主义基本原理转换为“现代化”对“小农经济”的克服，其中暗含了“补课说”的合理性，同时又兼具克服“现代化”弊端的可能。最终的“创造”不能仅靠经济结构的变化来解决所有问题，还需要文化心理结构上的变化。因此，李泽厚的“转换性的创造”表现在两个层面，第一个层面是社会体制结构方面的，“这不是靠思想教育，不是靠什么正心修身，而是靠制定法律和执行法律，才能达到。这方面，西方资本主义社会积累了数百年经验的一些政法理论和实践，如三权分立、司法独立、议会制度等，应该视作人类的共同财富，是值得借鉴的。”这是以资本主义和自由主义作为借鉴的对象，带有明显的“补课”痕迹；第二个层面关系到文化心理结构，这涉及对待传统的态度，李泽厚认为在这一点上是可以超越“五四”的，“五四”对中国传统的批判，尤其是对儒家核心价值的批判太激烈了。譬如“‘孝’道，便不能再是如五四时期那样简单地骂倒，更不能是盲目地提倡”，而应该经过新的价值观念的淘洗，再来看它有什么样的新因素可以留下来，“只有这样，传统才能有转换的创造，并在这过程中得到承继和发扬。这就是我在《中国古代思想史论》中所解释的‘西体中用’即中国式的社会主义现代化道路”。由此可见，他的“转换性创造”的“核心”就是“西体中用”，这个“体”就是“马克思主义”，就是所谓“中国特色的社会主义现代化道路”。

但是，李泽厚将“转换性创造”的“核心”表述为“西体中用”时，他是否意识到这个“中”不仅仅包括以儒家思想为代表的中国传统文化，也必然联系着以革命为主导的现代中国历史：马克思主义的中国化，农村包围城市，土改与合作化，从新民主主义到社会主义……这一系列被他高度肯定同时又有力批判过的历史过程，是否仅仅能以“封建主义”的修辞一带而过？中国革命、毛泽东思想以及社会主义的实践是否就自外于“西体中用”和“中国特色的社会主义现代化道路”？这些问题在李泽厚的文章中本来留下了不小的反思空间，可惜三年之后，恰逢五四运动70周年，一场更大的历史风波突如其来，卷走了所有反思的可能，徒然留下了“告别革命”的标榜，甚而从“五四”到“六四”，一同成为声讨“激进”的对象。①

（载于《杭州师范大学学报：社会科学版》2009年第1期）

① 参见余英时：“中国近代思想史上的激进和保守”，《钱穆与中国文化》，上海：上海远东出版社，1994年，以及围绕这篇文章的一系列争论。

中国当代思想的困境与出路

——评李泽厚哲学与美学的最新探索

彭富春

中国当代思想已经意识到了自身的困境并寻找出路，李泽厚的哲学与美学的探索正是被这种思想的现实所规定，但他的思索究竟是新的“出路”还是新的“困境”？这是我们真正关心的问题。通过对它的揭示，我们不仅可以把握李泽厚的思路，而且可以透视中国当代思想的基本话题。

李泽厚的两本新著“波斋新说”和“世纪新梦”均包括了“新”字。但是它们新在何处？一方面，李泽厚以新我与旧我相区分，亦即其核心由情感本体取代工具本体；另一方面，他又以自身之新和他人之旧相分离。不过李泽厚之新绝非追赶新潮，而是回到旧题，回到问题的本原和开端。这在理论上要求立于人之作为人的基础（超生物特性），在历史上需要追溯到原典马克思主义，到原始儒家和巫史传统，到后现代主义所处的现代生活本身。然而李泽厚在此世纪之交的时刻不是怀着一股乡愁来思古恋旧，而是试图构造“新梦”。此乃“新说”之深刻意蕴。

一、人类学历史本体论：工具本体

李泽厚称自己的思想为“人类学历史本体论”。这包括了三个层面：1. 本体论；2. 人类学（本体论）；3. 历史（人类学本体论）。这些语词并非源于中国道统，而是引自西方学统，如同整个中国现代思想史话语的基本特征一样。

何谓本体论？本体论又名存在论，它区分于认识论、伦理学和美学。作为关于存在者的学说，它追问作为存在者的存在者，亦即存在者的根据、开端、原因等。于是它并不能狭隘地理解为关于“Being”或“Sein”的探讨。在此意义上，中国虽然没有如同西方一样的本体论的哲学分支，但同样有本体论的问题。李泽厚强调自己哲学的主要问题是本体论，意在否定将哲学等同于认识论的看法，并最终使自身与流行的认识论哲学划清界限。这样李泽厚反复说明他的“实践说”不是毛泽东“实践论”有关认识的来源和标准问题，他的“主体性”哲学也不是近代西方认识论意义上的主客体相分及其同一。在本体论中所谈论的“实践”和“主体性”相关于人类历史的基本本性，它们决定了认识论中的“实践”和“主体性”。由于李泽厚进入了本体论，这使他的思想已经达到了一个深刻的维度。当然，李泽厚的本体论也不能回避现代西方的挑战。一方面海德格尔否定传统本体论。在他看来，西方形而上学的历史不是存在的历史，而是存在者或者存在者的存在的历史。关于一般存在者的学说形成了本体论，而关于最高存在者的学说则形成了目的论（神学）。但海德格尔自身追问的是作为存在的存在，亦即作为虚无的存在，这便要求一种关于无的本体论的建立，从而也否定了本体论自身。另一方面德里达认为一切本体论的尝试都是在场的形而上学的幽灵，也就是所谓的逻各斯中心主义的变种，而非中心化将解构一切本体论所奠定的哲学根基。对此李泽厚也许可以声称，他的“实践”不是存在者，而是存在。同时基于实践基础的“自然的人化”和“人的自然化”不相关于人类中心论。另外，不仅要解构，而且也要建构，亦即构造世纪新梦。

李泽厚的本体论不是一般性的，而是人类学的，故称人类学本体论。一般本体论思考作为存在者的存在者，从而追问存在者的根据。一切存在者的根据又可分为物质和精神两种，唯物主义和唯心主义就是将物质和精神设为本体的本体论。但如果对于存在者的不同领域进行追问的话，那么它又可以形成不同的区域本体论，如自然的、人类的、艺术的等。所谓的人类学本体论既是区域性的，又是根据性的。这在于它一方面将自身视为是关于人的学说，而不是关于自然的或精神的理论；另一方面把人类的活动本身理解为本原性的存在。李泽厚为了强化其本体论的人类学意蕴，曾多次表明哲学的根本问题是人的命运，也就是人的生活的偶然性。对于生活，他划分了四个层面：1. “人活着”：出发点；2. “如何活”：人类主体性；3. “为什么活”：个人主体性；4. 活得怎样：生活境界和人生归宿。对于李泽厚的人类学来说，生活就是其直接的给予性。它是存在，亦即它就是如此存在，而不是不如此存在。同时它也是自身的根据，而不是建基于另一更本原的存在之上。

当然现代人类学的理论可谓多矣：科学的、文化的、哲学的。甚至可以说一切人文科学都是人类学，只要将它们理解为关于人的科学。为了避免与这些人类学相混淆，李泽厚不再简单地说他的思想是“人类学本体论”，而是“人类学历史本体论”。这突出了“历史人类学”和“非历史人类学”的差异。假使后者是“纯粹人类学”的话，那么前者则是“非纯粹人类学”。这使人想起康德的“纯粹理性批判”和狄尔泰的“历史理性批判”的分歧，以及胡塞尔的“纯粹现象学”和舍勒的“经验现象学”的不同。历史在此成为了分界线。但李泽厚的历史不是精神的历史，而是社会的历史以及“历史唯物主义”中的历史，它是人类的生成。于是他拒绝将人类总体和个体的许多问题，如人性、个体、自由等看成是人固有的先验本性，而赞成将它们理解为历史的成果。因此历史一词成为他的人类学历史本体论的最后限定，这也许可以导致将他的思想更好地表述为“历史人类学本体论”，而不是“人类学历史本体论”。

李泽厚所谓的历史有极为具体的规定，它实际上意味着“实践”。实践在西方哲学史上（在亚里士多德和康德那里）一般被运用于道德领域，如实践理性，它意指人的意志，并区分于理论（认识）理性和创造（诗意）理性。马克思主义哲学也使用理论和实践这对概念，并认为一切理论之谜将被实践所破译。但理论不是狭义的认识，而是人的一切精神活动；实践已不是狭义的意志，而是历史唯物主义的根本，它与劳动、生产、人的物质活动共同形成了一个语言家族。于是它们不再是理性自身之内就其机能的区分，而是精神和物质两个决然不同的领域的差异。不过中国的辩证唯物主义研究一般在认识与实践的关系中理解实践的意义，这使它作为历史唯物主义的核心概念逐渐丧失了其独特的本性。李泽厚的实践回到了历史唯物主义的本意，它不是自然的过程或者是上帝的大能，而是人的活动。但它不是一般的日常生活行为，如毛泽东所说的亲口品尝梨子的滋味的事情；也不是个体的生活及其体验，如一个人的经历；更不是精神创造过程，如意识形态中的各种样式。实践在此只是指人类的物质生产活动。

李泽厚强调以使用—制造工具作为人的实践活动与动物界自然生存的分界线。在此意义上，人类学历史本体论的本体可命名为工具本体。但什么是工具？它是人的手段或中介，此处尤其是指物质性的手段和中介。以此人满足自身的欲望，达到自身的目的。因此工具服务于、效劳于人的生活；而工具本体则意味着工具是人的实践活动中本原性的存在，它是开端、是根据、是始基。但为什么是工具，而不是天地自然，不是理性或者是语言？中国的天地君亲师认为天地亦即自然才是规定性的。西方认为太初有道（LOGOS），道既是理性，也是语言，于是理性或者语言创造了人的世界。毫无疑问，天地自然在李泽厚那里不能设定为基础，因为他正是要寻找人和自然的分界线。而理性或者语言也不能理解为终极原因，因为它们都必须在人类使用工具的活动中得到说明。他指出，人类储存使用—制造工具的经验，由此构成了语言的意义和理性的规范，亦即所谓“历史建理性，经验变先验”。[①] 这样工具成为人的实践活动中不可替代的标志。然而工具与理性和语言的关系仍然是复杂的，如果将工具置于存在的维度的话，那么它和理性（思想），语言的关系实际上成为哲学历史的基本问题。巴门尼德的著名论题就是：存在和思想是同一的。这意味着那必然存在的和那要被思想的是同一的。在此存在不能简单地等同于物质或者事实。思想也不是意见，而是真

① 李泽厚：《世纪新梦》，合肥：安徽文艺出版社，1998年，第15页。

知。于是所谓存在和思想的同一就是真理自身，只有它才是必然存在的和要被思考的。但这种同一性在近代哲学尤其是现代哲学那里遭到了破坏。存在、思想和语言形成了三种关系。其一，存在决定思想。存在特别被理解为人的生活、生命，或者是人类的社会历史。当存在解释为物质时，它形成了唯物主义。其二，思想决定存在。思想可能是主观的，也可能的客观的。这构成了唯心主义。其三，语言决定思想和存在。这里语言不是解释为陈述，而是指引。在上述三种论题中，存在、思想和语言依此成为规定者和被规定者。李泽厚的工具本体当然属于存在决定思想这一派系，但他不可避免地要遇到其他两个派系所提出的主张。当然我们在此摒弃各种派别之争的先见，而只是探讨工具与理性，语言的内在关联。我们是否可以设定制造和使用工具的过程没有理性和语言的参与？如果是，那么人的活动如何区分与动物的活动？如果否，那么理性和语言又究竟扮演一个什么样的角色？鉴于这样的问题，工具还要对自身作为本体的地位进行辩护。

李泽厚的工具本体不仅关涉存在、思想和语言的本原性的讨论，而且还关涉人之作为人的规定，尤其是人与动物的区分。人和动物有许多差异性的标志，如身体、心灵和语言等。即使就人的本能（亦即人的动物性）而言，它也不同于动物的本能。如性本能：动物的交配受到季节的限制，而男女交媾却不受时令的影响。尽管如此，李泽厚确认只有工具的制造和使用才是人与动物分离的根本性之所在。这当然在于它是人的本体，是人之作为人的开端。不过人与动物的区分作为人的规定只是一个最低的尺度，因为任何一个时代的人，任何一种人都可以描述为使用工具的动物。尽管使用工具的历史能够划分人类一般的历史，但它并不能解释如李泽厚所深切关注的人类何处去和个体何处去这一根本问题。于是人的规定要求不仅人与动物相区分，而且人与自身相区分。卢梭说，只有人与自身相区分，人才能够成为公民，亦即成为近代意义上的自由人，从而能自己规定自己。也正是在人与自身相区分的基础上，尼采构想了与末人不同的超人，海德格尔提出了与理性的动物相异的要死者，马克思向往了与雇佣劳动者不一样的共产主义者。特别是马克思的憧憬给予李泽厚以灵感。他虽然没有明确表达人与自身相区分的意义，但其主张的“历史”正是人的不断生成，亦即“人化”。这具体化为“自由”的个体，它正是马克思所说的共产主义新人。作为自由个体，每人的存在都成为他人存在的条件。于是这成为了人的规定的最高尺度。

在李泽厚的工具本体所说的人的实践活动中，人和自然形成了最基本的关系。那么，谁是李泽厚的人？何谓李泽厚的自然？什么是它们之间的关系？显然人类学历史本体论所讨论的人不是个体，而是总体，因此不是个人，而是人类。同时它所关注的也不是抽象的人的本性，而是具体的人的历史。于是李泽厚的人便是实践的人，亦即使用和创造工具的人，并因此是感性的现实的存在。至于李泽厚的自然，它也同样是作为感性的现实的存在。但自然已不再是如同中国传统的“天地”具有规定性的品格，仿佛是非人格的上帝。它也不是西方的“本性”（古希腊）、上帝的创造物（中世纪）和精神和物理的自然（近代）。自然在李泽厚那里主要保留了马克思所赋予的意义，亦即作为动物、植物和矿物所构成的整体。人一方面属于它，另一方面又相异于它。人的实践活动亦即使用工具的活动建立了人和自然的关系。对于这种关系，李泽厚曾运用马克思的“1844年经济学哲学手稿”的语言予以表达：自然的人化和人的本质对象化。但考虑到“人的本质对象化”所可能包括的主体主义和本质主义，他又以“人的自然化”取而代之。这样人和自然的关系就成为：自然的人化和人的自然化。它们构成了一个美妙的循环。

自然的人化包含外在和内在两个方面。李泽厚认为，外在自然是人所生存的自然环境，它的人化分硬件和软件两个维度。前者指人对于自然界的物质性改造，后者指自然与人的关系的重要变化。同样，内在自然的人化也有硬件和软件两个层面。前者是改造作为人自身的自然，即人的身体器官，遗传基因等；后者是人的内在心理状态的改变。这实际上是文化心理结构的建立，其中包括认识论和伦理学等根本问题。人的自然化也可分为硬件和软件来谈。李泽厚区分了硬件的三个方面：其一，将自然视为人的家园般的所在；其二，把自然当作人的欣赏和欢娱的地方；其三，与自然的神秘的内在节律合为一体。软件则指已人化和社会化的人的心理重返大自然，形成人类文化心理结构的自由享受。这主要是美学问题。

自然的人化和人的自然化是人类历史进程中的两个方向不同的重要环节。如果说前者是走向人本身，那么后者是走向物本身；前者是人不断与自身相分离而进步，后者是人永远与自然去亲近而回归。李泽厚在此充分考虑了现代和后现代的倾向，一方面凸显人的主体性，能动性和创造性；另一方面又避免所谓的人类中心主义和自我中心主义。自然的人化和人的自然化实际上形成了一个存在悖论，但它们正是凭借这种不可克服的矛盾的力量一方面促使了人的生成，另一方面促使了自然的生成。

非常引人注目的是，李泽厚的人类学历史本体论始终强调了实践活动中人与自然的关系，而不是其他的关系。事实上，对于人来说，有人与人的关系，人与精神的关系，还存在许多其他非常重要的关系，而人与自然的关系从来不是中西思想的主题。虽然天人之际一直是中国思想的一个基本问题，但天自身不是李泽厚所规定的人的实践活动中的外在自然和内在自然，它不如说是一个思想的天，从而成为中国人的精神家园，如同“天地君亲师”这一序列中天地所意味的那样。至于西方的历史更没有让自然扮演一个关键性的角色，古希腊的人生活在以宙斯为首的诸神的世界里，诸神就是命运，因此人和命运的关系亦即和诸神的关系，这形成了荷马史诗和悲喜剧歌唱的基调。中世纪的人生存于上帝的怀抱内，人与上帝的关联决定了人的生命以及他的痛苦和欢乐，这在于上帝是否亲近或远离，人是否叛离或皈依；而近代的人则存在于理性的王国中。所谓的启蒙就是人运用自身的理性，让自身的理性规定自己。正是这样，人才成为自由人，亦即公民。到了现代，人被卷入一个技术的时代。技术成了一切存在的尺度，因此自然死了，这意味着本性（古希腊）、创造物（中世纪）、物理和精神的自然（近代）等失去了意义。所谓的自然界只是技术开发、改造和变形的对象而已。而后现代作为现代的后现代，一方面考虑到信息社会的话语的垄断，另一方面则是对于这种话语的解构。虽然否定人类中心主义、重新思考人与自然的关系也成为话题，但它只是无原则主义或多元主义中的一种声音而已。由此可见，西方历史的每个时代均建立了独特的人的世界，它们是诸神、上帝、理性、技术和话语，自然只是这样的世界中的一个部分。而世界之所以成为世界，是因为一个时代的语言（思想）将它聚集而成。

那么，为什么人与自然的关系能作为人类学历史本体论的核心问题？李泽厚当然接受了中国“天人合一”的传统。它包括远古的巫师的通神灵，接祖先；汉代的以阴阳五行为构架的天人感应的宇宙论模式；宋明以道德形而上学为基础的内在伦理的自由人性理想；现代康有为、熊十力等人的天人同一观，而特别是中国马克思主义哲学的天（自然—社会发展的必然规律）和人（共产党必然胜利）思想。不过这种种天人合一观和李泽厚的新天人合一观（自然的人化和人的自然化）只具有似是而非的特性，它们之间仍有一条微小的而又难以逾越的缝隙。至于传统的天人合一观自不必说是一种思想的设定，即使是现代中国马克思主义哲学的天人合一观主要也是一种政治学说，而不是哲学本体论。同时用李泽厚的话来说，它们是革命的理论，而不是建设的思想。显然，李泽厚对于中国传统天人合一的继承只是形成了其人与自然关系中的表层结构，他所建立的深层结构却是马克思主义哲学的历史唯物主义。正是在这里，人和自然的关系才获得了其规定性的意义。

马克思主义哲学不是所谓的辩证唯物主义和历史唯物主义两者的合一，而只是历史唯物主义自身，同时它也绝不是辩证唯物主义的普遍规律在历史领域的特别运用。关于马克思的历史唯物主义，恩格斯的“在马克思的墓前的讲话”有一经典性的总结：“正像达尔文发现有机界的发展规律一样，马克思发现了人类历史的发展规律，即历来为繁芜丛杂的意识形态所掩盖的一个简单事实：人们首先必须吃、喝、住、穿，然后才能从事政治、科学、艺术、宗教等；所以，直接的物质的生活资料的生产，从而一个民族或一个时代的一定的经济发展阶段，便构成基础，人们的国家设施、法的观念、艺术以至宗教观念，就是从这个基础上发展起来的，因而，也必须由这个基础来解释，而不是像过去那样做得相反。”① 对于马克思的这一盖棺论定，人们似乎并没有认真倾听并牢记于心。这在于马克思揭示的是一个简单事实，从而它也只是一个简明的道理，如同日月经天，江河行地，于是人们可以听而不闻，反而寻找一复杂的理论。也许李泽厚属于少数回复到马克思所发现的简单的事实的人。马克思强调人们必须首先吃、喝、住、穿，由此李泽厚极端化和通俗化为吃饭哲学；马克思认为直接的物质的生活资料的生产是基础，由此李泽厚提出工具本体。而吃饭哲学和工具本体正好敞开了人和自然关系的奥秘。为什么？吃喝作为人的行为，源于人的饥渴的欲望，而这却是人的身体亦即人的自身自然的需要。与此同时，饥渴的对象，也就是可吃和可喝的东西，也正是自然物本身。因此吃喝这一行为就是人与自然的关系的建立。如果说吃喝是人们首先必需的话，那么这也意味着人和自然的关系是本原性的。当然人的吃喝不同于动物（或者动物性的人，如白痴）的吃喝，这是因为人通过劳动来满足自身的需要。所谓劳动就是直接的物质的生活资料的生产，其根本性标志为制造和使用工具的活动。这种活动也同样展开了人与自然的关系，但比起吃喝，工具的制造和使用使人和自然的关系得到了更加丰富和深入的发展。人已经不再局限于有限目的，而是追求着长远目的。由此自然不仅成为人的肉体的食粮，而且也成为人的精神的源泉，同时人也不断开拓了其物质和精神的世界。这样自然的人化和人的自然化便形成人的历史。

二、文化心理结构：情感本体

李泽厚的人类学历史本体论本身就包含了文化心理结构的学说，既有工具本体，又有情感本体。不过他意识到了现代和后现代的人的精神危机，于是他将其思想的重心由工具本体转向情感本体，因此文化心理结构具有自身独立的意义。

---

① 《马克思恩格斯选集》第3卷，北京：人民出版社，1995年，第776页。

当然，这里首先遇到了对于文化如何理解的问题。文化一词在它的使用中具有多种意义。概而言之，可以分为三类。第一，物质活动层面。文化作为人的现象，是人向人的不断生成过程。因此“文化”就是“人化”。如果将人化理解为一个现实的事实，那么它就是人的物质生产活动。第二，精神活动层面。文化不能直接等同于人的心理、情感和思想，而是它们的表现，因此文化指人们对于宗教、艺术和哲学的建构，以及各种风俗、习惯和制度的设立。第三，文字符号层面。因为文字符号是人的精神活动的聚集，所以它是文化最集中的显现。于是人们毫不奇怪将学文化等同于学文字，把文化哲学也命名为符号哲学。李泽厚的“文化”概念基本上包括了物质活动和精神活动两个层面。一方面，他将文化等同历史。人类学本体论更准确地表述为人类学历史本体论，但也名为“人类学文化本体论”。在此文化和历史相互置换。这固然使历史可以理解为文化，但也要文化理解为历史。而历史在李泽厚那里正是历史实践，亦即人类创造和使用工具的物质生产活动。它作为文化，区别于自然，也就是区别于生物学和生理学的人。另一方面，李泽厚将文化不等同于历史。他认为：“人们的行为、思维方式以及表达情感的方式才是文化最根本的方面，也是我们需要把握的方面。它既受经济、政治的影响，而本身又有相对的独立性。”① 文化在此不仅区别于自然，而且也区别于人的物质活动（经济），它是人的生活世界的心灵形式。李泽厚对于文化的两重用法在于他既要给文化一个现实的根基，又要让文化保持自身的本性。而这又在于他试图寻找从实践到心理的过渡，并使文化成为它们之间不可缺少的桥梁。

那么，何谓“心理”？“心理”是一个比“文化”似乎更有歧义的语词。虽然动物也有心理，但心理主要是人的特征，尤其是当心理被解释为理性的时候。正是如此，古希腊人将人规定为“理性的动物”，凭借理性，人与动物相区分。与理性神学（上帝）和理性宇宙论（世界）一起，中世纪的理性心理学探讨灵魂，也就是人自身。近代的康德则构

① 李泽厚：《世纪新梦》，合肥：安徽文艺出版社，1998 年，第 227 页。

造了先验的心理学，将心意诸机能划分为认识的机能、愉快或不愉快的情感机能、欲求的机能。但现代的心理学却是经验的心理学，分析人的感知、情感、意志、思想等。李泽厚的心理学也是基于现代心理学的成果，如他对于皮亚杰的认知心理学的接受就是明证。不过李泽厚对于现代心理学持批判态度，认为它们把人的心理和动物的心理没有区分开来。他强调要仔细研究动物成为人、动物的心理成为人的心理，他以为人和动物的差异根本在于使用和制造工具。作为人的心理，它不是本能的活动，而是文化的介入。因此可以说，人的心理是文化的产物，而且最终是历史实践的成果。但是这必须考虑到实践并没有直接决定心理，其中介乃文化。

虽然在文化心理结构中文化决定了心理，但其重心不是文化而是心理，因此文化心理结构不能命名为心理文化结构。李泽厚解释道，前者是活的，而后者是死的。为什么？文化心理结构注重“人作为感性的个体，在接受围绕着他的文化作用的同时，具有主动性。个人是在这围绕着他的文化的互动中形成自己的心理的，其中包括非理性的成分和方面。这就是说，心理既有文化模式、社会规格的方面，又有个体独特经验和感性冲动的方面”。[①] 与之相反，心理文化结构“是心理的文化结构，是外在的东西变成人的心理的某种框架、规范、理性”[②]，这种差异还是要回到对于心理自身的理解。李泽厚的心理学既不是理性心理学，也不是先验心理学，而是经验的、感性的心理学。而文化不是外在的规定，而是内在的浸润。这样它总是相关于每一个个体的存在。所谓文化心理结构是关于个体存在的心理学。

依照这种对于文化和心理的阐释，文化心理结构中的“结构”就不是静态的，而是动态的。它是形成、构成、建构，这一过程不仅是人的心理与动物的心理的分离，而且是人自身的心理的不断丰富和深化。它对应于外在的自然的人化和人的自然化，是内在自然的人化和人的自

① 李泽厚：《世纪新梦》，合肥：安徽文艺出版社，1998 年，第 255 页。
② 李泽厚：《世纪新梦》，合肥：安徽文艺出版社，1998 年，第 306 页。

然化。李泽厚将“结构”过程表述为“历史建理性，经验变先验，心理成本体”[①]。这意味着：一方面感性的存在成为理性的存在，另一方面理性的存在又成为感性的存在，亦即“新感性”。如果人的实践亦即使用工具的物质生产劳动是人类学历史本体论的出发点的话，那么感性也必然是其开端，这因为物质生产活动本身就是感性的活动。但它在其历史中形成了理性，并成为人的存在的规则、尺度和要求。一般哲学都注重了从感性到理性的过程，尤其是在认识论的维度里，但人类学历史本体论则试图从理性（人类、历史、必然）始，以感性（个体、偶然、心理）终。这在于李泽厚将重心置于文化心理结构，从而凸显个体感性存在的不可替代和不可重复的唯一性。

关于文化心理结构的形成的根本机制，李泽厚创造了一个独特的语词：积淀。很少有这样的词能在哲学领域和非哲学领域被广泛运用，这也许因为它能够成为解释一些文化现象的钥匙。在使用“积淀”的时候，李泽厚也曾考虑过“淀积”，但他最终选择了前者而不是后者。为什么？积淀是主动的、积极的和创造的；而淀积是被动的、消极的和受造的。唯有积淀才能描述文化心理结构的建构过程。但何谓积淀？它实际上有两种用法：广义的积淀指人的一般生成的历史，李泽厚认为人化的过程就是人从生物转变成社会的存在但又依然是个体的过程，这是文化心理结构形成的过程，亦即积淀的过程；狭义的积淀正是文化心理结构的形成。在使用工具的物质生产活动中，通过文化积淀，无意识已被开始理性化。如果说广义的积淀包括了从感性到理性和从理性到感性这一人类学历史本体论的全部过程的话，那么狭义的积淀只是指从理性到感性这一文化心理结构的重要阶段。这也就是表述作为个体存在的新感性是如何建立的。

文化心理结构不仅表现为动态过程，也显现为静态成果。作为心理结构，它包括了若干必不可少的要素，同时它们之间形成了关系，而且它们有一中心。李泽厚所给定的基本要素不是现代经验心理学的感觉、

① 李泽厚：《世纪新梦》，合肥：安徽文艺出版社，1998 年，第 15 页。

知觉、情感、理解和意志等，而只是欲、情、性（理）三者。这大致使用了中国传统思想中关于人的心灵的语词，不过也借用了康德的先验心理学的用法，如情和理，甚至也关涉弗洛伊德的精神分析说的部分理论，如欲。这些学说将人的心理要么规定为自然的，如中国的天理人欲；要么为先验的，如康德的人的心意诸功能；要么为本能的，如弗洛伊德的性欲。与此不同，李泽厚将人的心理结构置于人类学历史本体论的基础，使之成为积淀的产物，即使人欲也相异于兽欲。于是欲、情和性（理）就不是空洞抽象的心理形式，而是充满了经过文化积淀的人性内容。在这样一个心理结构所形成的关系中，除欲外，性（理）和情都有可能成为主导者。欲之所以如此，是因为它仍然保留了人的生物性和生理性的成分，并需要在与情和性（理）的关联中获得升华。而如果作为物理的理是主导的话，那么它形成了理性的内化，亦即认识；如果作为伦理的理是主导的话，那么它形成了理性的凝聚，亦即道德；如果情是主导的话，那么它形成理性的积淀，亦即审美。李泽厚说，理性的内化（认识）和理性的凝聚（道德）仍然是理性对于个体、感性、偶然的支配。只有在审美境界中，理性才融和于人的各种感性情欲中，形成理性的积淀。虽然文化心理结构中的关系组合可以形成不同的心理功能，但是情感是最高的，因此它成为整个结构的中心。这促使李泽厚发现了以美启真和以美储善的秘密，而这又导致以美立人，从而建立新感性。

情感在文化心理结构中成为关键性的要素，但什么是情感自身？李泽厚试图在情与欲和性（理）的关联和区分中给予情一个规定。情与欲相连但不是欲，情与性（理）相通但非性（理），情是欲和性（理）某种比例的构成。李泽厚在此说明了情不是什么，亦即不是欲望（本能），不是物理（认识），不是伦理（道德）。至于情是什么，它依然依靠于那些它所不是的要素，也就是由这些要素所构成的关系。因此情自身是一个无，这是文化心理结构中谜一样的东西。但李泽厚已经给予我们以暗示，情感实际上就是关系，当然它不是具体的关系，而是关系的关系，也就是使一切关系成为可能的关系。这最终源于人与自然的关系，亦即自然的人化和人的自然化。在关系中，相互关联者互相给予。而所谓的给予就是爱，它成了最高的关系和最高的情感。基于人与自然的关系，才有“天行健”的有情宇宙观；基于人与人的关系，才有“何人不起故园情”的人类万岁的欢呼；基于人与精神的关系，才有“春且住”的艺术经验，于是情感之谜变得豁然开朗。

对于情感自身，李泽厚还进行了进一步的划分，它们分别是：悦耳悦目、悦情悦意、悦神悦志。它们也就是审美情感所激起的身体的快乐、灵魂的快乐和精神的快乐。这实际上基于中西思想尤其是西方形而上学关于人的身体、灵魂和精神的三个层次的区分。当然这三种快乐可以相对分离，但它们又能够统一于一体，融合在一起，而使悦耳悦目不同于单纯的感官愉快，也使悦神悦志不同于纯粹的宗教迷狂，而又达到了一种高峰体验。正是在这样的意义上，李泽厚认为最高的美学境界不是感官快乐，而是宗教情感，与天地同流，与天地统一。但这显然也具有人类学的特性，因为它始终是人自身的感官、心意和精神的经验。它不是康德心意诸功能的先验能力，也不是黑格尔的绝对理念的感性显现，更不是海德格尔的存在的无蔽。李泽厚对于审美情感的理解最终由其经验心理学所规定。

由于在文化心理结构中的中心地位，情感具有本体的意义。李泽厚说，作为历史积淀物的人际情感不是当下情感经验以及提升而已，而是一种具有宇宙情怀甚至包括某种神秘的本体存在。但是情感本体不是超越的本体（不管内在超越还是外在超越），而是无本体。这里否认了情感作为实体和作为存在者的可能，由此本体才真正不脱离现象而高于现象，才真正解构任何定于一尊和将本体抽象化的形而上学。但情本体之所以谓之本体，是因为它即人生的真谛，存在的真实和最后的意义，是宇宙、人生。

不过，我们不可避免地遇到情感本体和工具本体的关系问题。所谓本体就是最后的根据、原因和基础等。对于人类来说，最后的根据只能有一个，由此本体也只能有一个。如果承认工具是本体的话，那么情感就不可能作为本体；同样如果承认情感作为本体的话，那么工具就不能作为本体。当然关于本体的研究也可以划分为一般本体论和区域本体论，后者如海德格尔的基本本体论以及其他某种本体论。而人类学历史本体论自身如同基本本体论一样是区域本体论，工具或者情感只是对于其最后根据的命名而已，于是它们不能构成一般本体论和区域本体论的关系。李泽厚之所以既建构工具本体，又建构情感本体，是因为他发现工具不能解决人生矛盾，而情感作为人生的要义却没有自身的根据。这要求工具作为基础，情感作为主导。

一方面，李泽厚承认工具对于情感的决定性，因此具有本体意义。只有工具本体的巨大发展，才可能使心理本体由隶属，独立而支配工具本体。另一方面，他又突出情感的独立性，并由此赋予本体意义。他重申其哲学不关涉真正的自然、人世，而只建设心理本体，亦即构造情感本体。鉴于对工具和情感本体的如此理解，李泽厚认为其目标不是工具，而是情感，这样工具本体将转向情感本体。他坚信后现代的唯一道路是既执着于感性又超越感性的“情感本体”，于是不是性，而是情；不是性本体，而是情本体；不是道德的形而上学，而是审美的形而上学才是今日的方向。但在事实上，从工具本体到情感本体的转换并非是“本体”的变化，而是人类学历史本体论的“基础”到文化心理结构的“主导”的位移。李泽厚在此只是保留了“本体”这一传统形而上学的用法，而赋予它以新意。他曾多次说明情本体不是有本体，而是无本体。我们同样可以理解，工具本体也不能执着于有而忘记了无。这是因为李泽厚所说的不是手前之物（自然），也不是手上之物（器具），而是人类使用工具的活动。它不是一个实体，也不是一个存在者。

三、儒家与马克思主义

人类学历史本体论和文化心理结构学说始终试图回复到马克思主义哲学，亦即历史唯物主义的根本原则。当然这又基于对于马克思主义哲学中活的东西和死的东西的区分。李泽厚认为如下三点仍然具有生命力：第一，历史唯物论。“它以使用—制造工具作为人‘吃饭’的特征，即人的实践活动与动物界自然生存的分界线，确认科技—生产力是社会存在的根本”。第二，个体发展论。马克思主张每个人的自由发展是一切人自由发展的条件，但不设定个人自由的先验性，“而是把个体放在特定时空的社会条件和过程中来具体考察，认为它是人类历史走向的理想和成果，个人不是理论的出发点，却是历史的要求和归宿”。第三，心理建设论。它是与深层历史学的唯物史观相对应的深层心理学，其核心就是内在自然的人化。“它也就是古老的‘人性’问题，即研究‘人性’不同于动物性（纯感性）不同于机器（纯理性）之特征所在”。马克思主义哲学中这些活的东西在中国现代马克思主义哲学研究中没有得到充分重视，人们将马克思主义哲学等同于辩证唯物主义和历史唯物主义，并将之简化为革命哲学和斗争哲学，这实际上以死的东西取代了活的东西。西方马克思主义则经历了另一种发展道路，亦即从经济和政治批判，经过文化批判（马尔库塞），到语言批判（哈贝马斯）。但它们往往只是强调了一个方面，而否定了另外的方面。与之不同，李泽厚考虑到了马克思主义哲学中活的东西作为一个整体，亦即历史唯物论、个体发展论和心理建设论的有机结合。于是这既把握了基础，又抓住了主导。

尽管这样，李泽厚认为马克思主义哲学将进入后马克思主义哲学，历史唯物主义将走向超历史唯物主义，这也就是要凸显马克思主义哲学中并没充分构造的个体发展论和心理建设论。为何如此？这是因为在现代和后现代里马克思主义哲学遇到了前所未有的挑战，亦即个体生存的意义问题。现代哲学家（如海德格尔）怀着一股乡愁为无家可归的人们寻找重新返回家园的道路，而后现代（如德里达）则既无思乡的愁绪，也无还乡的希冀，而是将人放逐于精神的荒原。作为一个中国当代思想家，李泽厚也感到“儒门淡泊，已近百年”，于是“贞下起元，愿为好望”。显然他不同于德利达，而是类似于海德格尔，经验到了中国精神的无家可归，且要为它建立家园。不言而喻，中国当代思想的建立不可能西化，回到古希腊或者回到中世纪（基督教），但也不可能回到孔子、朱子。其出路只是马克思主义哲学和儒家的结合，亦即儒家马克思主义的创造，这正是李泽厚所说的后马克思主义哲学。然而它不是马克思主义儒家化，而是儒家马克思主义化。这将一方面给儒家以马克思主义的现实基础，亦即给传统的“天人合一”赋予实践（自然的人化和人的自然化）的内涵；另一方面让马克思主义注入中国的灵魂，也就是让它成为内圣外王之道。

这里关键在于对儒家的创造性转换。李泽厚不仅不同于现代新儒家自身的理论，而且反对他们对于传统儒家的理解。他认为新儒家的主要弊端在于：一是以心性—道德来概括儒学失之偏颇，并有悖孔孟原典；二是抹杀荀学，特别是否定以董仲舒为代表的汉代儒学。当然这只是表层的问题，更重要的是其理论上的深层困难，亦即所谓的内圣开外王和超越而内在。但内圣开不了新外王（科学和民主），而心性不可能超越而内在。李泽厚指出现代新儒家只是现代宋明理学的回光返照，因此它是过去的暮影，不是未来的曙光。

鉴于新儒家的困境，李泽厚要求返回儒家的本源。但这绝不意味着简单的重复，而是对于儒家的本源作本源性的思考。他指出中国思想的根本在于其巫史传统，亦即原始巫术的直接理性化。“巫术是人去主动地强制神灵，而非被动地祈祷神灵。中国巫术的理性化，是结合了兵家和历史而形成独特的巫史文化”。[①] 而史知天意，并与人事相连。中国的由巫到史的过程区分于古希腊从神话到逻辑的变化。这在于史是人世的描述，而逻辑是理论的洞见。正是源于传统的巫史文化，一期原典儒学建立了礼乐论，奠定了中国人本主义的根基；二期汉代儒学构造了天人论，开拓了人的外在视野和生存途径，但人屈从于人造系统的封闭图式之中；三期宋明理学展开了心性论，高扬了人的伦理本体，但人臣服于内心律令的统治之下。李泽厚则将自己的思想标明为四期儒学，它就是人类学历史本体论。个人在此将第一次成为多元发展、充分实现自己

① 李泽厚：《世纪新梦》，合肥：安徽文艺出版社，1998 年，第 118 页。

的自由人。四期儒学以工具本体和情感本体为基础，重视个体生存的独特性，阐释自由直观（以美启真）、自由意志（以美储善）和自由享受（实现个体的潜能），重新建构内圣外王。这是李泽厚描绘的四期儒学的大纲略图。

在这样的“世纪新梦”和“新说”中，儒家那些被历史的灰尘所遮盖的珍宝将重新闪耀美丽的光辉。它们就是李泽厚反复说明的在巫史传统中所形成的一个世界，实用理性、乐感文化和度的艺术。不同于西方对于此岸和彼岸两个世界的划分，儒家确定了一个世界的根基，并由此追求此际人生。但它不是个体，而是家庭、国家、天下（人类）。区分于思辨理性、非理性和反理性，儒家运用了实用理性，不是演绎、运算，而是类比、顿悟。相异于罪感文化和耻感文化，儒家发展了乐感文化，将世间情感化，也将宇宙情感化。最后，对立于一分为二的斗争哲学与合二为一的全赢全输，儒家形成了度的艺术，作为中庸之道，它在于把握适当的比例、关系和结构。这些中国思想的精髓也许能为新世纪人类灵魂的塑造做出伟大的贡献。

总之，李泽厚试图如司马迁所说：“穷天人之际，通古今之变，成一家之言。”其儒家马克思主义是本世纪汉语言自身接受西方思潮所生长出来的最具创造性的思想。它将让人们去思考：在这个后现代的现代里，什么是中国思想的困境与出路？什么是中国思想的必然使命？

（载于《文艺争鸣》2011 年第 3 期）

中国实践美学60年：发展与超越

——以李泽厚为例

徐碧辉

众所周知，实践美学是新中国成立以来产生的最重要的美学理论成果。中国实践美学有众多代表人物，其中，以李泽厚的实践美学最具有典型性，影响最大，遭受批评也最多。除李泽厚之外，还有后期朱光潜、蒋孔阳、刘纲纪、周来祥、杨恩寰、梅宝树、李丕显、杨辛、甘霖，以及中青年一代学者如朱立元、张玉能、邓晓芒等。因篇幅所限，本文只就中国实践美学最有影响的代表人物李泽厚的实践美学做一番描述与分析，其余的，只能另文讨论了。

一、实践美学的发展历程

1. 20世纪50年代后期—60年代前期：实践美学的萌芽与雏形

中国实践美学观点萌芽于20世纪50年代末期的美的本质的大讨论。李泽厚用马克思的《1844年经济学哲学手稿》中的实践观点去解释美的本质，提出美既不是客观的也不是主观的，而是客观性和社会性的统一，被称为社会实践派，形成实践美学观点的萌芽。

20世纪60年代以后，李泽厚的美学观完全转向了实践论。他强调，“只有遵循‘人类社会生活的本质是实践的’这一马克思主义根本观点，从实践对现实的能动作用的探究中，来深刻地论证美的客观性和社会性”。李泽厚给美下了一个颇具代表性的定义：“就内容言，美是现实以自由形式对实践的肯定，就形式言，美是现实肯定实践的自由形式。”[①] 这一表述后来成为实践美学对美的本质的经典表述。

20 世纪 60 年代，李泽厚虽然仍然强调美的客观社会性内容，但已经把讨论的重点转向了美的客观社会性的哲学根基——自然的人化问题，并基本上提出了自然人化的核心思想——自然和人关系的改变，自然不再作为人类的仇敌，而是在实践改造的基础上，以其感性吸引人，成为人的审美对象。因此，可以说，从 20 世纪 60 年代开始，李泽厚的实践美学观点已具备了雏形。20 世纪 80 年代，当他补充进内在自然人化的思想以后，自然人化学说得到了完整的表述。20 世纪 80 年代末以后，李泽厚把视野重点转向了美感问题，应该说，只有在那时，实践美学观点才真正得到展开。萌芽阶段的实践美学虽然有许多局限性，但却是实践美学产生源头。正是实践观点的提出，把美的本质问题置放到一个坚实的哲学和现实基础之上，使得以后可以在这一基础上展开有声有色的研究，也为中国美学今后的发展打下了基础。

2. 20 世纪 70 年代末—80 年代前期：实践美学的形成与发展

20 世纪 70 年代末，“文革” 结束，中国社会开始 20 世纪的第二次现代性思想启蒙运动。由于美学的人文性质和在一定程度和意义上远离政治的特性，在 20 世纪 70 年代末至 80 年代初政治是乍暖还寒的时候，美学受到整个社会空前的关注，掀起了 20 世纪的第三次 “美学热”。在这场美学热中，李泽厚是领军人物。在 20 世纪 70 年代末期，大多数人还在十七年和 “文革” 话语中随波逐流的时候，他已在其《批判哲学的批判》（以下简称《批判》）中运用实践观点，较早地在国内提出了 “主体性” 学说，并用主体性学说去批判当时已经僵化保守的辩证唯物主义和历史唯物主义二分法；创立了积淀说，以之解释人类的认识、伦理和审美心理结构的形成和传承。在《批判》和随后的一系列论文中，他把马克思主义阐释为一种实践论哲学，提出历史唯物主义哲学就是实践论，并用积淀说去补充、改造康德的知情意三分说，对人类

① 李泽厚：“美学三题议”，《美学论集》，上海：上海文艺出版社，1980 年，第 164 页。

文化心理结构作出了独到解释。对于传统的真善美之间的关系，他提出了“以美启真”和“以美储善”说，认为审美境界是最高的人生境界；21世纪将是教育的世纪。因此，可以把《批判》看做是李泽厚的实践美学诞生的标志。也正是在这一时期，实践美学观点得到国内大多数学者的认同，可以说这是中国实践美学最辉煌的时代。

3. 20世纪80年代后期以来：实践美学的深入与分化

20世纪80年代，李泽厚出版了三部中国思想史论著，较为系统地研究和阐发了中国传统思想脉络。李泽厚在这个领域所提出的一些观念和命题为中国当代学界广泛采纳，几乎已成为中国思想史研究的共识和新的资源与背景，如“儒道互补”“天人合一”等。而思想史研究为他的哲学和美学研究提供了广泛的历史文化资源。20世纪80年代以后，李泽厚不满足于仅仅从西方学术史中寻找美学的理论依据，而是深入到中国传统文化之中，以传统儒家的实用理性和乐感文化来对抗、补充西方工具理性所造成的异化，以中国传统的宗教性道德作为新时期思想文化建设的思想资源，从而在对传统文化的“转换性创造”中为中国未来的精神文化建设提供一份思想参照。在这一时期，李泽厚发表了《美学四讲》《世纪新梦》《己卯五说》《历史本体论》和《实用理性和乐感文化》等著作。在这些著作中，他进一步阐述了实践美学和人类学哲学本体论学说，提出了“内在自然人化”“新感性”“人的自然化”等学说。这几部著作和这些学说在20世纪90年代的遭遇是一个很值得回味的话题，虽然它们对实践美学有所深化和系统化，但它对社会的影响远远没有20世纪50年代那篇论文大，更赶不上20世纪70年代末期的《批判》和20世纪80年代初期的两篇文章以及《美的历程》。这其中有深刻的历史原因，主要是社会文化的转型、精英文化的消退及大众文化的兴起，以及西方后现代思潮在中国的滥觞。在后现代语境中，传统哲学被作为形而上学被指责，李泽厚式的叙事被称为宏大叙事而遭到批判和解构。

另外，自20世纪80年代开始，实践美学观点在得到广泛赞同的同时，也开始出现分化。对“实践”概念的不同理解，导致同样持实践美学观点的学者对美学基本问题产生了不同理解。朱光潜后期、蒋孔阳、刘纲纪、杨恩寰、梅宝树、李丕显以及后来的中青年一代学者，在实践观点的前提下，纷纷提出自己的独立的主张。这种情况在进入 21 世纪以后变得更明显。一些学者打出了“新实践美学”的旗号，一方面以示与李泽厚的实践美学相区别，另一方面与“后实践美学”争论。这一方面使得 20 世纪 80 年代中国的美学呈现出繁荣局面，另一方面也使问题更显得复杂化、多元化。美学发展的多元化无疑已成为一种趋势。

二、20 世纪 90 年代之后实践美学的新发展——“人的自然化”与“情本体”

在李泽厚的人类学历史本体论哲学中，“自然的人化”并非单纯的“自然向人生成”的过程，在“自然向人生成”的同时，被人化的自然和人类的心理本身也有一个回归自然的问题。亦即人类的心理在不断地内化、凝聚、积淀理性和社会性因素的同时，也有一个感性重建的问题，这便是“人的自然化”。“自然的人化”概念来自马克思的《1844 年经济学哲学手稿》，“人的自然化”则是李泽厚的独创。“自然的人化”概念在 20 世纪 50 年代已经提出，而提出“人的自然化”则已是 20 世纪 80 年代，对它的展开论述则主要在 20 世纪 90 年代后期的《己卯五说》中。

1. 人的自然化

在《批判》和前两个“主体性提纲”中，李泽厚着重强调在历史实践过程中“自然向人生成”，即自然的人化。并指出，正是由于自然的人化，由于人对客体自然和主体本身的实践改造，才形成了人的认识、伦理和审美结构。在《关于主体性的第三个提纲》中，他提出，不但自然有一个人化问题，而且被人化的自然和人的心理都有一个重新建构感性、回到自然的问题，也就是人的自然化问题。因为，一切历史、必然、总体都只有通过现实、偶然、个体去建造、去构筑，因而，个体的感性生存和心理成为美学关注的焦点。从而，与自然的人化对应的人的自然化问题也成为美学的核心。在历史发展的行程之中，由“人化”所构筑的社会、权力、语言、知识等往往会产生异化，对个体感性生命产生压抑，从而，摆脱过度人化所造成的异化、重新回到自然、重建个体感性就成为美学所要探讨的问题，这也就是“人的自然化”。

自然的人化就内在自然说，是人性的社会建立，人的自然化则是人性的宇宙扩展。前者要求人性具有社会普遍性的形式结构，后者要求人性能“上下与天地同流”。前者将无意识上升为意识，后者将意识逐出无意识。二者都超出自己的生物族类的有限性。前者主要表现为集体人类，后者主要表现为个体自身，它的特征是个体能够主动地与宇宙自然的许多功能、规律、结构相同构呼应，以真实的个体感性来把握、混同于宇宙的节律从而物我两忘、天人合一。①

这样，中国传统哲学讲的“与天地参”就有了非常具体的另一种含义。这个含义即是审美的最高层次，即冯友兰讲的“天地境界”，也就是生命力。这里的“生命力”并非生物性的，恰好是超生物性的，又仍以生物性的个体的现实生存为基础。“这个体已经是积淀了理性的感性重建，是具有人生境界的人性感情（自然的人化），而又与宇宙节律相并行的感性同构（人的自然化）。”所谓生命、生存、个体的感性存在只有在这个层次上说才是有意义的：“这才是伟大的生。中国古典传统的庆生、乐生、（天地之大德曰生）、（生生之谓易），才有其现代的深刻意义。”②

自然的人化过程产生了巨大的工具本体，成为人类不断进步、文明不断向前发展的物质基础，同时这个工具本体也产生着相当的负面作用，那就是对个体的心理和情感所造成的异化作用。因此，文明越是发

① 李泽厚：“关于主体性的第三个提纲”，《实用理性与乐感文化》，北京：生活·读书·新知三联书店，2005年，第240页。

② 李泽厚：“关于主体性的第三个提纲”，《实用理性与乐感文化》，北京：生活·读书·新知三联书店，2005年，第241页。

展，工具本体成果越是显著，人类理性越是高度发达，就越需要以审美和艺术充作这种巨大的工具本体和理性的解毒剂。只有当在自然人化的基础上实现人的自然化才能克服这种异化。因而，当自然的人化发展到一定程度时，人与自然关系的另一方面——人的自然化问题就愈益突出，建立在自然人化基础之上的人的自然化就成为当今社会的迫切需要。人的自然化，其核心就是要在工具本体的基础之上建立人的心理（情感）本体。

只有“人的自然化”才能走出权力—知识—语言。人才能从20世纪的语言—权力统治中（科技语言、政治语言、“语言是家园”的哲学语言）解放出来。自然界和人的自然生物存在都不是语言、权力。关键在于如何在自然性的吃、性、睡、嬉中，社会性的食、衣、住、行和“工作”中，既不退回到动物世界，也不沦为权力—知识—语言的社会奴隶。而这也就是他以前讲的“天人合一”为特征的美学课题。①

在《美学四讲》和《己卯五说》中，李泽厚论述了人的自然化的具体含义。他说，人的自然化是自然的人化的对应物，是整个历史过程的两个方面。跟自然的人化一样，人的自然化也包括“硬件”与“软件”两个方面。“硬件”包含三个层次或三个方面的内容：一是人与自然共生共在，即人与自然环境、自然生态的关系，人与自然界友好和睦，相互依存，不是去征服、破坏，而是把自然作为自己安居乐业、休养生息的美好环境；二是人对自然的欣赏与体验。人把自然景物作为欣赏、欢娱的对象，栽花养草、游山玩水、投身于大自然中；三是人通过某种学习，如呼吸吐纳，使身心节律与自然节律相吻合呼应，而达到与“天”（自然）合一的境界状态，如气功等。自然的人化是规律性服从于目的性，人的自然化是目的性服从于规律性。

李泽厚认为，自然的人化是工具本体的成果，人的自然化就是在工具本体的基础上确立心理本体（情本体）。在他看来，“自然的人化”

① 李泽厚：“己卯五说”，《己卯五说历史本体论》，北京：生活·读书·新知三联书店，2003年，第263～264页。

是人类学历史本体论概念，是实践美学的核心概念，而“人的自然化”则是由人类学历史本体论向个体生存论的延伸。这样，李泽厚的人类学历史本体论哲学便从人类学历史本体论领域顺理成章地进入了个体生存论领域，由哲学真正进入了美学。

因此，“人自然化”的“软件”即是美学“问题”。它指的是本已“人化”“社会化”了的人的心理、精神又返回到自然去，以构成人类文化心理结构中的自由享受。①

在李泽厚的“自然人化”理论系统中，“自然的人化”概念清楚、明晰，它成为李泽厚实践美学的核心概念。而“人的自然化”却总有些空洞，有些缥缈。除了第三个方面比较实在之外，前两个方面都有些空洞。人与自然如何和睦相处？人如何把自然作为欣赏的对象？应该说，人对自然的亲近、依赖，人以欣赏的审美的态度去对待自然，这是人与自然的关系的重要的方面，也是在自然人化的历史前提下才能谈得上的。李泽厚谈到，人的自然化就是“天地境界”，是在自然人化的基础上的“天人合一”。那么，“人的自然化”作为一个哲学和美学概念，其具体的内涵是什么？李泽厚讲了三个方面。但仅有这三个方面吗？人本身的心理、人的身体、人生存的环境，这些涉及人的感性存在的因素难道不都存在着自然化的问题？人的自然化是否就是情（心理）本体？换言之，情本体是否就只是指人的自然化？这些问题都需要进一步仔细地研究。

但是，毫无疑问的是，人的自然化概念具有极大的阐释空间，它的提出，使得实践美学有可能从一般性地对美的起源的哲学分析走向具体的对美的内涵的分析，它是实践美学真正建立起来的核心，是实践美学从人类学本体论哲学美学走向个体生存论美学的关键词。因此，对“人的自然化”概念内涵的分析、解释，就有可能成为实践美学理论向纵深推进的一个关键环节。

---

① 李泽厚：“己卯五说”，《己卯五说历史本体论》，北京：生活·读书·新知三联书店，2003年，第264页。

2. 情本体

“情本体”概念提出于20世纪80年代中期到90年代的“主体性”系列提纲，21世纪出版的《实用理性和乐感文化》中集中阐述这一概念。在《第三提纲》中，李泽厚提出，许多传统的哲学问题已为具体科学所取代，但哲学不会消失。人性结构作为一种主体性结构，包含了主观面和客观面两个方面。从客观面说，生活实践高于语言，具有本根性；从主观面说，个体主体性便是情感本体的建立，也就是内在自然的人化。

在《第四提纲》中，李泽厚提出，以使用和制造工具为核心和特征的人的劳动实践活动所构成的工具！社会本体是人活着的根本。从而时间成为历史，语法、逻辑也是社会的，这就是“自然的人化”。但当“（人如何活）（人能活下去）大体已经或快要不成问题”时，为什么活、活着的意义问题就出来了，“于是提出了建构心理本体特别是情感本体”的问题。①

在《哲学探寻录》中，李泽厚把“人活着”作为哲学的出发点，从“人活着”这一基本事实生发出三个问题：①历史终结，人类何处去？人会如何活下去？②人生意义何在？人为什么活？③归宿何处？家在何方？人活得怎么样？他认为，对这些问题的解答是，以中国传统的“一个世界”作为哲学基础、以有情宇宙观和无情辩证法互补作为精神来源，建构一个情本体的体系：既然没有天国、上帝，也不是性、理等道德形而上学的本体，那么，就只能在“活着”这一事实本身之中寻找生活的意义、人生的价值了。活着之不易，之艰难，在艰难困苦之中顽强地活下去，本身便是意义。从个体的角度说，在活着本身之中，就有情存在，有意义存在。这是冯友兰所说的人生四境界（自然、功利、道德、天地）中最高的“天地境界”，是审美形而上学的境界。审美形而上学境界的获得，一是通过艺术，艺术把空间化的时间转换成为情感

① 李泽厚：“第四提纲”，《实用理性和乐感文化》，北京：生活·读书·新知三联书店，2005 年，第 245 页。

性的时间，即超时间。中国的艺术便是在此世的具体的生活情境中指向一种超此世的生活境界和人生归宿。而生活的艺术化更是一种理想了。“既无天国上帝，又非道德伦理，更非主义理想，那么，就只有以这亲子情、男女爱、夫妇恩、师生谊、朋友义、故国思、家园恋、山水花鸟的欣托、普救众生之襟怀以及认识发现的愉快、创造发明的欢欣、战胜艰险的悦乐、天人交会的归依感和神秘经验，来作为人生真谛、生活真理了。为什么不就在日常生活中去珍视、珍惜、珍重它们呢？为什么不去认真的感受、体验、领悟、探寻、发掘、（敞开）它们呢？”①

《实用理性和乐感性文化》集中论述了“情本体”之“情”的具体内涵。情本体理论本是人类学历史本体论哲学逻辑发展的结果。但这里，关于“情”的具体内涵，他引入了原典儒学关于“孝”的学说。他认为，儒家以亲子情为核心、以自然血缘生理关系为基础的孝亲之情，是作为人生本体之“情”的基础，把这种情辐射、弥散开来，建立一个充满人情味的社会，这才是新世纪所要寻求和谐社会。

他对比了原典儒学与宋儒的区别，指出，宋儒把原典儒学以“孝”为核心改造成为以“仁”为核心，试图建立起一个超验的道德本体，但终究归于失败。因为在中国不像西方有本体与现象、此岸与彼岸“两个世界”的区分。在西方，支配哲学的基本观念是“两个世界”，两个世界在哲学上表现为多种二元因素之间的相互对立、分割，如现象与本体、物质与精神、存在与意识等，在宗教上则表现为此岸与彼岸、尘世与天堂、今生与来世等的对立与冲突。西方哲学要致力于弥合这两个世界的裂痕，而宗教则是要人舍弃现世、此岸、尘世、人间的幸福以保证永生、来世的幸福。但是在中国，并没有这样一种“两个世界”的传统。中国的“巫史传统”使得中国只有“一个世界”，在现象与本体、此岸与彼岸、物质与精神之间并没有不可逾越的鸿沟。所谓“道”并非某种脱离现实物质世界的超验本体，而常常是起源、存在、根植于现

① 李泽厚：“哲学探寻录”，《实用理性和乐感文化》，北京：生活·读书·新知三联书店，2005年，第191页。

实世界的，人们通过某种直接体验或悟解的方式是可以把握它的。一花一世界，一树一菩提。因此，在中国没有超验本体，本体就在经验世界之中，在日常生活世界之中，在人的感性生活过程之中。从而，通过某种艺术或内心直接体验和领悟活动，可以直接超越人的现实存在，摆脱现实存在境遇对精神和心灵的羁绊，从而达到精神高度自由的人生境界。从而，宋儒把“仁”作为儒学的核心，想要以此为基础建立起某种超验的道德本体，却由于始终与经验缠绕在一起而归于失败。

就情感而言，中国传统文化所讲的情感与西方基督教对上帝的情感也有极大差别。他认为，基督教的情感其实是一种绝对理性主义的情感，它通过理性确认对上帝的皈依，对上帝毫不犹豫、绝对服从，这种服从以否弃人天生自然的亲情、友情、爱情等世俗情感为前提。在基督教的情感中，人类的灵魂要经过惨厉的磨炼、痛苦、煎熬，最后洗清一切世俗情感的杂质，在对上帝的无条件服从中得到灵魂的洗礼与升华。

相反，儒家以血缘亲情为核心的孝—仁观念，对人的自然情感不但不否定，而且还把它看做是人生最根本的、最重要的东西，是人的情感之所由来和建立的基础。在儒家的观念中，理想的社会里，人与人之间相亲相爱，正是在血缘亲情的基础上经过“推己及人”“老吾老以及人之老、幼吾幼以及人之幼”这样的心理过程而建立起来的。李泽厚的人类学历史本体论主要继承了儒家这种建立在血缘亲情基础上的普遍仁爱学说：

> 儒家所倡导的伦常道德和人际感情却都与群居动物的自然本能有关：夫妻之于性爱，亲子、兄弟之有血缘，朋友之与群居社交本性。从而儒家的情爱可说是由动物本能情欲即自然情感所提升（社会化）的理性情感。虽然最初阶段（无论是原始民族或儿童教育）都有理性的强制和主宰，但最终是以理性融化在感性中为特色，与始终以理性（实际是知性特定观念）绝对主宰控制有所不同。中国文化传统对经由内心情理分裂、灵肉受虐、惨厉苦痛即由理性在

残酷冲突中绝对主宰感性而取得升华，是比较陌生的。①

但是，“情本体”之“情”并非完全是自然情感，它是自然情感的升华，在某种意义上也是对自然情感的超越。通过“推己及人”的心理过程，由这种孝亲之情可以升华出对他人、社会及整个宇宙的广泛的关爱与同情，因而它并非局限于血缘亲子情感的狭隘的个体的自私之情，而是具有广泛性、社会性、普遍性：

> 儒家的“情”是以有生理血缘关系的亲子情为基础的。它以“亲子”为中心，由近及远，由亲至疏地辐射开来，一直到“民吾同胞，物吾与焉”的“仁民爱物”，即亲子情可以扩展成为对芸芸众生以及宇宙万物的广大博爱。②

出于自然之情而超越自然之情，基于血缘之爱而超越血缘之爱。一方面是生物性、本能性的血缘亲情，另一方面是社会性、超生物性的普世之爱。经李泽厚阐释、改造过的奠基于原始氏族社会的血缘自然关系的儒家“孝亲”之说在21世纪工业化、现代化条件下重新焕发出了生命力，成为21世纪中没有信仰、没有精神家园的中国人的人生本体和精神家园。

三、实践美学存在的问题

1. 思维方式上的二元论

李泽厚的实践美学是从对康德哲学的批判改造中产生和建构的。康德二元论的思维方式也为李泽厚所继承，其双重性、矛盾性也鲜明地体现在了李泽厚的哲学上。康德把现象与本体世界区分开来，制造了一系

---

① 李泽厚：“论实用理性与乐感文化”，《实用理性与乐感文化》，北京：生活·读书·新知三联书店，2005年，第76页。

② 李泽厚：“论实用理性与乐感文化”，《实用理性与乐感文化》，北京：生活·读书·新知三联书店，2005年，第74页。

列“二律背反”，如认识论中时空有限与无限、因果关系（必然）与自由的二律背反，伦理学中善与幸福的二律背反等。李泽厚试图以马克思的实践哲学批判继承和改造康德的批判哲学，因此，在他的哲学中也存在许多相互对立的矛盾。比如：总体（类）与个体、必然与自由、人与自然、工具本体（物质生产）与心理本体（情本体）、理性与感性（社会性与生物性）、自然的人化与人的自然化……他的目标则是把这些相互对立的矛盾方面结合、统一起来。他强调要从人类总体生存发展的历史过程去理解、解决这些问题与矛盾，把哲学建基于人类的社会历史基础之上，使康德哲学中看起来很神秘的先验的认识、伦理和审美结构有一种后天的、人类学的实践根源与依据，从而在保留康德哲学的深刻性的基础上去掉康德哲学的神秘性，把它从一种先验哲学改造为历史唯物论的实践哲学。

李泽厚用马克思的历史唯物论的实践论融入、改造了康德的先验哲学，一方面保留、继承了康德的二元论思维方式，承认康德在自然与人、思维与存在、客体与主体、必然与自由之间所划定的界限，认为二者之间的对立是近代哲学中一个没能解决的难题，承认康德的批判哲学弥合二者之间对立的巨大努力和取得的成就，另一方面扬弃了康德哲学中神秘的“先验直观”（即主观合目的形式，包括“知性直观”“理知直观”和“自由直观”），把这种直观改造为人类通过改造自然（包括客体自然和主体自然，即人类的心理结构）所获得的文化—心理结构，即理性的、社会性的因素内化、凝聚、积淀到内在的、感性的、个体性的心理之中去，成为一种看似先验、实则仍是后天的获得性的文化—心理结构。

同时，李泽厚也保留了康德哲学把审美看成是认识与道德之间的桥梁、通过审美的自由直观联结自然与人、客体与主体、现象与本体这种哲学架构。所以，李泽厚一直强调，在康德哲学中，伦理学高于认识论，美学高于伦理学。康德是从审美走向道德，从机械论走向目的论，从美走向崇高，从纯粹美走向依存美。美之所以能担当起联结必然与自由、认识与伦理、自然与人之间的桥梁的任务，正是因为美具有无目的的合目的性，这种无目的的合目的性便来源于人的先验的自由直观，一种神秘的审美共通感。而李泽厚则去除了康德美学的目的论色彩，代之以审美的“自由积淀”说。他认为，不是自然界的神秘的目的，而正是人的实践活动，使人的心理不再是动物性的自然生理感受，而成为积淀了历史实践成果的文化心理结构。人吃饭不仅是充饥，而且是美食，两性关系不仅是交配，而且是爱情，正是因为社会性、理性的因素融入了感性、生物性心理之中，才使人具有了超生物性的心理结构。

但是，在这个过程中，总体（类）与个体、理性（社会性）与感性（自然性）、人与自然、必然与自由、工具本体与心理本体等始终是他无法摆脱的二元对立的矛盾。他始终未能走出二者之间的矛盾冲突，始终使自己的学说处于二者之间的紧张对立之中。哲学家深邃的思维和宽广的视野使他的理论具有他的同代人所无法比拟的深刻性，但过于宽泛的理论兴趣却也限制了他的美学的具体化和深化。当他讨论到具体的美学问题时，往往总是不由自主地回到这些问题所得以产生、存在的根源上去，从精神回归物质，从心理回到哲学，从现实回到历史，从感性回归理性。他就像在总体与个体、感性与理性、历史与心理之间走钢丝一样，始终无法摆脱二元论的处境而真正深入到具体的美学问题之中，从而真正建立起系统完整的美学理论。

2. 自然人化的“度”

李泽厚的实践美学的核心概念是“自然的人化”。“自然的人化”在马克思那里是一个重要的哲学概念，但马克思所讲的自然的人化主要指人与自然之间的哲学关系，即人对自然的实践改造。马克思已经谈到“欣赏音乐的耳朵”“感受形式美的眼睛”……“五官感觉的形成是以往全部世界史的产物”，谈到“感觉的社会性”是在实践过程产生的。也就是说，自然人化的基本思想已由马克思奠定。但马克思并未具体从美学上来论述美的本质与美感的本质，以及自然的人化如何在认识论、伦理学上发挥作用。明确地把自然的人化理论应用到美学上，并扩展到认识论、伦理学，把自然的人化过程看成是一个外在自然界与内在心理结构同时双向行进的过程，从而合理地解释人类如何能产生数学、逻辑等康德所谓的“先验的”认知结构，如何能具有“先天性”的“良知”，如何能形成共通性的审美感，这是中国哲学家和美学家的功绩。在这个意义上，李泽厚提出的“外在自然人化”和“内在自然人化”的完整学说，是对马克思自然人化理论的一个深化，在某种意义上也是马克思理论的一个发展。它使得马克思主义美学对于美和美感的本质有了一种合理的解释，并为进一步研究美和美感的具体形成机制、结构等留下了广阔的空间。

但是，作为美学理论来说，李泽厚的实践美学的自然人化理论并非完美无缺，成为一个自足体系。恰好相反，它留下了许多问题，这些问题是进一步发展实践美学所必需面对和解决的。

“自然的人化”解释的是仅仅是美和美感的起源，是从起源上来解释美和美感的本质。但是，自然的人化实际上只是美和美感的必要条件，而非充分条件。这也就是说，自然的人化是美得以产生的前提，只有自然的人化才能产生美，但自然的人化并不必然产生美；除了自然的人化，美作为一种价值得以产生还有其他一些条件。正如一些批评者所言，有的自然的人化不仅不是美，反而是丑；不仅不是善，反而是恶。那么，在自然人化的过程中，哪些是美的，哪些是丑的，如何认定其美与丑，它们的尺度如何确定？这涉及形式美、美的形式结构等具体的美学问题。此外，自然的人化应该有一个“度”，超过这个“度”，自然的人化便不再是美，那么，这个“度”在哪里？如何掌握这个“度”？

再者，按照李泽厚的人类学历史本体论，认识论、伦理学和美学都是自然人化的成果。李泽厚分别以“理性的内化”“理性的凝聚”和“理性的积淀”来区别它们。但是，理性是如何“内化”“凝聚”和“积淀”的？在“理性的内化”“理性的凝聚”和“理性的积淀”之间，是否存在着某种共通的因素？为什么同样的自然人化过程，会产生理性的内化、凝聚和积淀的不同结果？“以美启真”和“以美储善”具体如何实现？认识论、伦理学和美学之间如何沟通？李泽厚曾经谈道“先有伦理，后有认识。认识规则（语法、逻辑）是从伦理律令中分化、演变出来的”，并强调“这一点至为重要”[①]。但他只是提出这个概念，却并没有论证。因此，李泽厚的自然人化理论，建构了一个包容认识论、伦理学和美学的宏大理论构架，但是，它只是搭起了一个框架。要真正把这个框架变为一个宏伟的建筑，尚需要解决更多具体问题。

3. 双重（多重）本体

李泽厚的实践美学对于“本体”概念有多种用法：“人类学本体论”“工具本体”“心理本体（情本体）”“度的本体性”“历史本体论”，等等。他自己认为这里实际上有两个本体：工具本体和心理本体。其他概念只是与本体相关，而非指它们本身就是“本体”。其中，人类学本体论和历史本体论都是一种“本体论”，而不是说有一种“人类本体”和“历史本体”。而“度”这一概念只是具有“本体性”，也就是说，度的地位非常重要，从它的重要性上说，它几乎可以成为一种本体。这当然也是一种解释。实际上，李泽厚有把“本体”概念泛化的趋势。

李泽厚自己承认的本体只有两个：工具本体和心理本体。工具本体是社会实践所造就的物质性力量。李泽厚始终坚持历史唯物论观点，强调物质性的社会实践对社会的根本性和决定作用。因为人首先需要活着才能谈得上其他，生存是第一义的历史活动，历史的基础是人们为争取生存而进行的各种实践活动，这是社会的基础，是为千万年来的人类生存和发展的历史所证明的。他为了强调这一点，用了一个颇具刺激性的名字“吃饭哲学”。但是，人又是个体的，社会的理性的实践是通过个体活动去实现的，在社会实践过程中同样形成了个体的心理结构，包括认识、意志和审美，这是心理本体。在李泽厚看来，工具本体和心理本体在实践中相互缠绕，纠结。历史上，更基础的是工具本体，但社会发展的趋势是心理本体问题越来越突出。当人类科技发展到一定水平，生

① 李泽厚：“第四提纲”，《实用理性和乐感文化》，北京：生活·读书·新知三联书店，2005年，第245页。

存问题基本解决之后，个体感性、个体生存的意义和生存的状态便会成为一个社会最重要的问题。所以他将自己的学说概括为三句话：历史建理性，经验变先验，心理成本体。

这样，李泽厚的实践美学便的确有了双重本体：工具本体和心理本体。关于工具本体和心理本体，在《美学四讲》中，他讲得很明白：

> 人类以其使用、制造、更新工具的物质实践构成了社会存在的本体（简称之曰工具本体），同时也形成超生物族类的人的认识（符号）、人的意志（伦理）、人的享受（审美），简称之曰心理本体。这"本体"的特点就在：理性融在感性中、社会融在个体中，历史融在心理中，……有时虽表现为某种无意识的感性状态，却仍然是千百万年的人类历史的成果；深层历史学（即在表面历史现象底下的多元因素结构体），如何积淀为深层心理学（人性的多元心理结构），就是探讨这一本体的基本课题。……寻找、发现由历史所形成的人类文化—心理结构，如何从工具本体到心理本体，自觉地塑造能与异常发达了的外在物质文化相对应的人类内在的心理—精神文明，将教育学、美学推向前沿，这即是今日的哲学和美学的任务。①

在这里，李泽厚提出建设心理（主要是情本体）的问题。以心理本体来克服、化解、消融社会工具本体对人的个性的压抑与异化。而心理本体恰恰关涉到个体本身的生存，每个个体独特的生本能、死本能、性本能等。这些因素一方面是人与生俱来的生物性本能，另一方面它们已经融入了社会性、理性等因素。因而，如何把握社会性与个体性、理性与感性之间的关系成为关键所在：

> 人类的历史遗产首先是工具本体，不同时代、社会的物质文明，历史具体地提供和实现个体的不同的生（如生活方式）、性

① 李泽厚："美学四讲"，《美学三书》，合肥：安徽文艺出版社，1999年，第465页。

(如婚姻形态)、死（如战死或寿终的不同意识）和语言（Sapir－whorf理论)。但它们虽然是社会的理性的形式和数字，却同时又是活生生的个体的独特经验和心理。所以人类历史的遗产也包括心理本体。工具本体通过社会意识铸造和影响着心理本体，但心理本体的具体存在和实现，却只有通过活生生的个人，因之对心理本体和工具本体不仅起着充实而且起着突破的作用。如果再粗略分解一下，则“食色，性也”，马克思与弗洛伊德所涉及的根本问题，是个体又兼社会的；海德格尔的“死”基本上是种个体的自我意识自我醒觉；维特根斯坦基本涉及的是社会性，不承认有私人语言。看来，以马克思和弗洛伊德所提供的人类生存的基础上，融会维特根斯坦和海德格尔，似是当下哲学—美学可以进行探索其命运诗篇的方向之一。这诗篇与心理本体相关，心理本体又与个体—社会即小我—大我相关。①

实际上，这里提纲挈领地提出了一个非常粗略的哲学纲要，这个纲要和李泽厚以前的哲学思路相比有了明显的差别。《批判》和后来的“主体性”系列提纲，主要是在马克思的实践哲学基础上融合改造康德的先验哲学、荣格的集体无意识学说和皮亚杰的发生认识论，其重点在于确立文化—心理结构的历史唯物主义基础，从人类学历史本体论角度解释个体感性存在的社会性、理性根源；这里则进一步提出了深入研究个体感性存在的具体思路：生、性、死几种心理本能和语言的社会历史根源。这几种心理本体都是个体感性的，但又确实关乎社会的理性；它们是自然生物性能，却又是社会历史遗产；不同的社会物质文明具体地提供了不同的生存、两性关系和死亡的意识。亦即在马克思的实践论生存论基础上，融会弗洛伊德对性本能研究、海德格尔对死本能的探讨以及维特根斯坦对语言的分析。

李泽厚后来的研究可以看做是对这一提纲的间接接续与展开。在

① 李泽厚：“美学四讲”，《美学三书》，合肥：安徽文艺出版社，1999年，第466～467页。

后来的哲学和美学著作中，他分别从各个不同的角度对工具本体和心理本体问题作过论述。比如，《历史本体论》讨论了人类的生存问题，也就是他讲的“吃饭哲学”，提出了一个重要的哲学概念——“度”，并把“度”看成一个具有本体性的范畴；《实用理性和乐感文化》中进一步论述了“度”作为哲学概念的各个层面，即本体层面和操作层面；阐述了“情本体”学说。具有本体性的“度”可以看做是一种工具本体，而“情本体”则是一种心理本体。但李泽厚并未沿着他这里所提出的思路，建构一个以马克思和弗洛伊德所提供的人类生存为基础、融会海德格尔和维特根斯坦学说的系统化的哲学—美学体系。问题是，“本体”概念可以指称“非常重要”吗？换言之，“非常重要的”“根本性的”就是“本体”吗？“本体”可以是双重甚至多重的吗？

此外，李泽厚的实践美学中还有许多问题，如“自然的人化”和“人的自然化”的关系，作为哲学美学的实践美学如何进一步向审美经验、审美心理等领域深化，美作为“自由的形式”如何解释现代艺术，“以美启真”“以美储善”这两个极重要的命题如何实现，“情本体”作为实践美学向个体生存论深化的命题如何展开，在一个充满强权和阴谋的世界里，美学如何能成为“第一哲学”，等等，这些都是值得深入探讨、研究的问题，也是美学进一步发展不可回避的问题。

（载于《社会科学辑刊》2009年第5期）

重评五四启蒙运动三题

——兼评李泽厚诸先生之说

李新宇

一、“借思想文化以解决问题”的是与非

“五四”启蒙运动一直遭到各种误解和非议。其中之一是面对中国复杂的问题而选择了思想文化革命。几十年前的主流意识形态否定这种选择，原因不仅在于启蒙思想属于资产阶级的意识形态，而且在于认定了思想启蒙与教育救国、科学救国等口号一样，不能解决中国的问题。按照当时的理论，只有工农革命才是解决问题的唯一出路，像陈独秀、胡适、鲁迅那样把思想启蒙看作解决问题的根本，不仅荒唐可笑，而且近乎反动。“文革”结束之后，一些人终于再次认识到启蒙的必要，重新致力于思想启蒙运动，因而也必然要重新认识五四新文化运动这笔遗产。但是，从20世纪80年代开始，就又遇到了新的质疑：“五四”“借思想文化以解决问题”，作为一种思想方法是错误的，其结果是进一步加重了“中国意识的危机”①。进入20世纪90年代之后，伴随着保守主义思潮的兴起，这种认识开始被更多的人接受。他们认为“五四”批判传统文化、改造国民性都是错误的选择，“五四的选择虽然是当时知识精英深思熟虑的结果，然其问题的焦点似乎找错了方向”，“并没有抓住中国问题的关键”②。

---

① 林毓生：《中国意识的危机》，贵阳：贵州人民出版社，1986年。

② 丁守和：《中国现代启蒙思潮》中卷，北京：社会科学文献出版社，1999年，第3~5页。

新文化运动关注的重点的确是思想文化而不是政治或经济，这是任何人都无法否认的。但是，究竟应该如何认识这种选择，却有必要进行进一步的讨论。如果不带成见地回到历史现场，就很容易看到，五四新文化运动要解决的就是思想文化问题，而不是“借思想文化以解决问题”，解决思想文化问题是中国社会发展的迫切需要，对它的各种指责都是不恰当的。

应该注意的是，“五四”启蒙运动首先不是一场社会大变革的舆论前奏，而是一场大变革之后的思想文化补课。人们往往把它与后来的历史联系在一起，而忽视了它与此前历史的密切联系，这就很容易对它产生误解。

众所周知，中国现代化的历程是从器物层面开始的。它的第一个阶段是以洋务运动为代表的经济和技术层面的变革，其主要成果是修铁路、开矿山、办工厂，开启了中国的工业化进程，带来了经济发展的现代模式。第二个阶段是以戊戌变法和辛亥革命为代表的政治变革，从和平的改革到武装革命，最后终于推翻了帝制，为中国带来了一个全新的民主共和的现代政治体制。但是，从某种意义上说，辛亥革命的确是一场条件不甚成熟的革命，中华民国这个亚洲最先出现的民主共和国也的确是一个早产的婴儿。革命在缺少准备的情况下忽然到来，并且催生了最为先进的民主共和体制，却没有为这个体制准备下新型的管理者和具有相应素质的公民。人们虽然在共和国的体制之下，思想观念和行为模式却往往停留在皇帝时代。甚至可以说，从上到下都不习惯这种现代的政治体制。一方面，作为共和国的总统、总理和各级管理者们，大都刚刚摘去清王朝的顶戴，很难迅速由“为王牧民”的臣子转变为现代国家的管理者。包括那些作为清王朝专制统治反抗者的革命党人，也并不熟悉现代国家的政治游戏规则。因此，他们很难迅速走上现代政治文明的轨道，而是不自觉地就会按照专制王朝的旧例行事。另一方面，作为理论上已经享有国家主权的人民，大多数并不知道自己已经是国家的主人，因而既不清楚公民的权利，也不清楚公民的义务，更不知道应该如何对待自己纳税雇用的政府官员。他们仍然以草民自居，习惯于奴隶地位，就像鲁迅笔下的阿Q走上大堂时一样，官员们并不要他下跪，但他还是自觉地跪下了。总之，当时的中国虽已建立起现代的国家政治体制，而人们的思想观念和行为方式却远远不能适应。

启蒙运动就是在这个背景上发生的。启蒙者们把目光投向思想文化问题，并非他们的兴之所至，而是当时的中国现实所决定的。我们不妨看一看陈独秀等人对当时中国国情的认识。

陈独秀在《旧思想与国体问题》中说："我们中国多数国民口里虽然是不反对共和，脑子里实在装满了帝制时代的旧思想，欧美社会国家的文明制度，连影儿也没有。所以口一张，手一伸，不知不觉都带君主专制臭味；不过胆儿小，不敢像筹安会的人，堂堂正正地说将出来，其实心中见解，都是一样。袁世凯要做皇帝，也不是妄想；他实在见得多数民意相信帝制，不相信共和，就是反对帝制的人，大半是反对袁世凯做皇帝，不是真心从根本上反对帝制。"① 他甚至认为，那些创造共和、再造共和的人物也往往不知道共和是什么，而是满脑子装的都是帝制时代的旧思想。正因为这样，民主共和就很难真正实现。

李大钊在《新的！旧的！》一文中曾经指出："中国人今日的生活全是矛盾生活，中国今日的现象全是矛盾现象。"他列举了一系列例子：过年了，刚过新年，又过旧年；贺年的人，有的鞠躬，有的跪拜；黄昏走在北京的街头，既有旧时代的更夫，又有新时代的巡警；制定宪法，一面规定信仰自由，一面规定"孔教为修身大本"，以法律强迫人们尊孔；关于婚姻，一方面订立禁止重婚的刑律，一方面却保留纳妾的习俗。李大钊说："矛盾的生活，就是新旧不调和的生活，就是一个新的，一个旧的，其间相配去不知几千万里的东西，偏偏凑在一处，分立对抗的生活。这种生活，最是苦痛，最无趣味，最容易起冲突。"②

---

① 陈独秀：《陈独秀著作选》第1卷，上海：上海人民出版社，1984年，第295~296页。
② 李大钊：《李大钊文集》上卷，北京：人民出版社，1984年，第537页。

高一涵在《非“君师主义”》中说：“共和政治，不是推翻皇帝，便算了事。国体改革，一切学术思想亦必同时改革；单换一块共和国招牌，而店中所卖的，还是那些皇帝‘御用’的旧货，绝不得谓为革命成功。法国当未革命之前，就有卢梭、福禄特尔、孟德斯鸠诸人，各以天赋人权平等自由之说，灌入人民脑中；所以打破帝制，共和思想，即深入于一般人心。美国当属英的时候，平等自由民约诸说，已深印于人心，所以甫脱英国的范围，即能建设平民政治。中国革命是以种族思想争来的，不是以共和思想争来的；所以皇帝虽退位，而人人脑中的皇帝尚未退位。所以入民国以来，总统之行为，几无一处不模仿皇帝。皇帝祀天，总统也祀天；皇帝尊孔，总统也尊孔；皇帝出来地下敷黄土，总统出来地下也敷黄土；皇帝正心，总统也要正心；皇帝身兼‘天地君亲师之众责’，总统也想身兼‘天地君亲师之众责’。这就是制度革命思想不革命的铁证。”①

吴景超写过一篇《平等谈》，透露了当时社会的实际情况。他说，辛亥革命那一年他10岁，满耳朵所听的都是推翻清室，创造共和。他问他的老师：“我们为什么要推翻清室，创造共和呢?”面对一个10岁的孩子，他的老师作了很好的回答：“清朝是个专制政体，那些王公大人，都要仗他的势力来欺压平民，平民受他的欺负，谁也不敢作声。共和国却不然，以前那些什么阶级，什么贵族，都完全消灭了，凡是中国的国民，在法律上个个都是平等，没有什么我比你尊，你比我卑的。”吴景超说他因此而欢迎共和。然而，共和国建立了，八年之后，作为北京大学学生的他，却发现远远没有实现那个理想。他在文章中列举了几件事：一次他坐车到东城拜访朋友，路上遇到警察命令他停下来，因为那条路正禁止通行，原来是大总统正要从那条路上经过。又一次他在上海火车站，看到站台上有军乐队，有一排兵，还有五六十个戴礼帽穿马褂的人，原来是县知事要到南京去见省长，那些人是到火车站送行的。原来一个小小县知事就如此威风。他

① 高一涵：“非‘君师主义’”，《新青年》，1919年，5卷6号：第549~554页。

又说到听差的见到上司低头弯腰。如此种种，往往都是“前清的规矩，不过现在没有更改就是了”[①]。

在这种情况下，中国究竟需要什么？是政治革命吗？如果是政治革命，革命的对象是谁？追求的目标是什么？结果又会是什么？历史已经证明，在当时情况下，任何革命都意味着破坏刚刚产生的共和国体制和《临时约法》所规定的秩序框架，不是导致战乱，就是导致复辟，而不可能带来建设性的成果。事实上，革命不止一次地发生了。孙中山发动了“二次革命”，结果是失败的，也是破坏性的；对于共和国体而言，袁世凯称帝也是一种“革命”，张勋把宣统皇帝重新扶上宝座也是一种革命，但结果众所周知，只能导致历史的倒退。总之，在已经具有现代政治体制框架的前提下，任何一种政治革命都只能导致政治上的大倒退，所以当时中国需要解决的是思想文化的问题，而不是政治的问题。也就是说，就当时情形看，中国所需要的不是革命，而是以既有的现代政治体制前提进行一场现代思想文化补课。

新文化运动正是这样一场补课。它是中国现代化全过程的一个重要环节，也是从经济改革（洋务运动）到政治改革（从百日维新到辛亥革命）再到文化改革这个全过程的最后一个环节。前面两个环节分别解决的是经济问题和政治问题，这一环节所要解决的是思想文化问题。所以，五四新文化运动并非“借思想文化解决问题”，而是所要解决的就是思想文化问题。

在当时的中国，面临现代政治体制与中国文化传统的矛盾，出现了两种不同的思路：一是顺应中国传统而改造民主共和国体，它以袁世凯、古德诺、筹安会和张勋为代表；一是适应民主共和国体而改变中国传统，它以陈独秀和《新青年》集团为代表。在新生的现代政治体制与根深蒂固的中国传统之间，启蒙者选择的是现代政治体制。他们是民主共和的捍卫者，他们爱惜那个来之不易的现代政治体制，不愿看到它因为与中国国情不合而夭亡，所以，他们思考的问题不是民主共和制度

---

① 吴景超：“平等谈”，《新潮》，1919 年，1 卷 5 号：第 929 ~ 933 页。

是否适应中国传统，而是中国传统是否适应民主共和。他们要做的不是改变现代政治体制以适应中国传统，而是要改变中国传统以适应现代政治体制。正如陈独秀所说："我们要诚心巩固共和国体，非将这班反对共和的伦理文学等旧思想，完全洗刷得干干净净不可。"①

在这种情况下，致力于解决思想文化问题，这一选择是错误还是正确，应该不难断定。

二、为什么反对"调和折中"

五四新文化运动的领袖人物大多反对调和折中，拒绝接受中西融合的主张。在近几年的新保守主义潮流中，"五四"因此而受到了更多的指责。应该承认，"五四"的主张的确是极端和绝对的，但这并不意味着当下批评"五四"极端化和绝对化的人就比陈独秀、胡适和鲁迅高明。事实也许恰恰证明精神的退化已经使人们无法企及那一代人的高度。反对绝对、极端和片面的思维对于中国人来说实在算不了什么，孩子们读书伊始就学中庸之道，至于既这样又那样的庸人思维是一般人都会的。如果站在民族文化本位寻找可以自豪的东西，倒是完全可以自豪地宣称：即使是中国的弱智者，也比西方人精通"辩证法"！正因为这样，在世界化过程所引发的文化冲突中，必然会出现"撷精取粹""熔于一炉""土洋结合""中西合璧"之类的主张。

新文化运动的领袖们坚决反对这种主张，态度激烈而决绝。究其原因，他们知道自己想要的是什么，所以全力推进世界化，也知道经过调和折中之后出现的会是什么，而那样的结果他们不能接受。

在陈独秀们的眼里，欧化之路已经是无须讨论的选择，而中国传统与西方近代文化则是不可调和的，所以必须一心一意走西化之路。他说："无论政治学术道德文章，西洋的法子和中国的法子，绝对是两样，断断不可调和迁就的。……或是仍旧用中国的老法子，或是改用西洋的

① 陈独秀：《陈独秀著作选》第1卷，上海：上海人民出版社，1984年，第297页。

新法子，这个国是，不可不首先决定。若是决计守旧，一切都应该采用中国的老法子，不必白费金钱派什么留学生，办什么学校，来研究西洋学问。若是决计革新，一切都应该采用西洋的新法子，不必拿什么国粹，什么国情的鬼话来捣乱。譬如既然想改用立宪共和制度，就应该尊重民权、法治、平等的精神；什么大权政治，什么天神，什么圣王，都应该抛弃。若觉得神权君权为无上治术，那共和立宪，便不值一文。又如相信世间万事有神灵主宰，那西洋科学，便根本破坏，一无足取。若相信科学是发明真理的指南针，像那和科学相反的鬼神、灵魂、炼丹、符咒、算命、卜卦、扶乩、风水、阴阳五行，都是一派妖言胡说，万万不足相信的。因为新旧两种法子，好像水火冰炭，断然不能相容，要想两样并行，必至弄得非牛非马，一样不成。中国目下一方面采用立宪共和政体，一方面又采用尊君的孔教，梦想大权政治，反对民权；一方面设立科学的教育，一方面又提倡非科学的祀天、信鬼、修仙、扶乩的邪说；一方面提倡西洋实验的医学，一方面又相信三焦、丹田、静坐、运气的卫生；我国民的神经颠倒错乱，怎样到了这等地步！我敢说：守旧或革新的国是，倘不早早决定，政治上社会上的矛盾、紊乱、退化，终究不可挽回！”① 他又说：“记者非谓孔教一无可取，惟以其根本的伦理道德，适与欧化背道而驰，势难并行不悖。吾人倘以新输入之欧化为是，则不得不以旧有之孔教为非。倘以旧有之孔教为是，则不得不以新输入之欧化为非。新旧之间，绝无调和两存之余地。吾人只得任取其一。”② 在这个问题上，陈独秀是清醒的，他问道：“德谟克拉西是什么？纲常名教是什么？两下里折中调和起来是个什么？”③

面对调和折中的论调和陈独秀的问题，鲁迅揭示说：“‘西哲’的本领虽然要学，‘子曰诗云’也要昌明。换几句话，便是学了外国本

---

① 陈独秀：《陈独秀著作选》第1卷，上海：上海人民出版社，1984年，第386～387页。

② 陈独秀：《陈独秀著作选》第1卷，上海：上海人民出版社，1984年，第281页。

③ 陈独秀：《陈独秀著作选》第1卷，上海：上海人民出版社，1984年，第518页。

领，保存中国旧习。本领要新，思想要旧。要新本领旧思想的新人物，驼了旧本领旧思想的旧人物，请他发挥多年经验的老本领。一言以蔽之：前几年谓之‘中学为体，西学为用’，这几年谓之‘因时制宜，折衷至当’。”然而，鲁迅认为“世界上决没有这样如意的事”。他借易卜生之口表达了自己的态度：“All or no th ing!”[①] 这种态度也许有点理想化，对于文化来说尤其难以实现，但这是新文化运动主要成员共同的理想。他们希望中国走上一条新的道路，结束不堪的历史。他们不愿接受打了折扣的理想，更不愿看到在折中调和的名义下继续供奉吃人的幽灵。胡适说：“为什么要反对调和呢？因为评判的态度只认得一个是与不是，一个好与不好，一个适与不适，——不认得什么古今中外的调和。调和是社会的一种天然趋势。人类社会有一种守旧的惰性，少数人只管趋向极端的革新，大多数人至多只能跟你走半程路。这就是调和。调和是人类懒病天然趋势，用不着我们来提倡。……革新家的责任只是认定‘是’的一个方向走去，不要回头讲调和。社会上自然有无数懒人懦夫出来调和。”[②] 几年之后，他又说：“时髦的人当然不肯老老实实的主张复古，所以他们的保守心理都托庇于折中调和的烟幕弹之下。对于固有文化，他们主张‘去其渣滓，存其精英’；对于世界新文化，他们主张‘取长舍短，择善而从’；这都是最时髦的折中论调。”[③] 正因为这样，无论对哪一种折中论调，他都是坚决反对的。

新文化运动之所以反对调和折中，往往首先出于策略性的考虑。陈独秀在《调和论与旧道德》中作过一个比喻：“譬如货物买卖，讨价十元，还价三元，最后结果是五元。讨价若是五元，最后的结果，不过二元五角。社会上的惰性作用也是如此。”[④] 鲁迅也说过：“中国人的性情是总喜欢调和，折中的。譬如你说，这屋子太暗，须在这里开一个窗，

---

① 鲁迅：《鲁迅全集》第1卷，北京：人民文学出版社，1981年，第333页。
② 胡适：《胡适文集》第2卷，北京：北京大学出版社，1998年，第557页。
③ 胡适：《胡适文集》第5卷，北京：北京大学出版社，1998年，第449页。
④ 陈独秀：《陈独秀著作选》第2卷，上海：上海人民出版社，1984年，第46页。

大家一定不允许的。但如果你主张拆掉屋顶，他们就会来调和，愿意开窗了。没有更激烈的主张，他们总连平和的改革也不肯行。”[①] 胡适是这样说的：“我是主张全盘西化的。但我同时指出，文化自有一种‘惰性’，全盘西化的结果自然会有一种折中的倾向。……古人说：‘取法乎上，仅得其中；取法乎中，风斯下矣。’这是最可玩味的真理。”[②] 从这种策略性的考虑，也可以看到他们的努力方向。因为他们希望的是充分世界化，所以不愿自己先打折扣。

在20世纪的中国，一直不乏关于文化“融会”与“合璧”的想象：既引进外来文化，又保存本土文化，二者融会贯通，中西合璧。在物质文化和日常生活层面，这种想象是比较容易实现的。旗袍和高跟鞋的结合早已成功，西装和瓜皮帽也未尝不可，至于沙发和太师椅同置一室、满汉全席外加面包牛油，早已没人反对了。可是，在一些根本问题上，调和与折中却难以进行。因为只要面对文化冲突的实际，就会承认在许多方面是难以调和折中的。比如，民主与专制、科学与迷信、男女平等与夫为妻纲、一夫一妻与妻妾成群、言论自由与文字狱……折中的结果是什么？融合之后又是什么形态？对于后来的中国人而言，或许已经见过，但陈独秀、胡适、鲁迅等人却还缺少那样的想象力，而且不愿接受那样的杂烩。

三、“五四”启蒙运动的目标指向

在国家、民族或阶级至上的群体主义观念之下，要肯定一种事物的价值，就必须冠之以某种群体的名义，将其称之为爱国的、民族的、大众的……似乎不这样就无法证明它的意义。由于这种思维定式的作用，一些人想当然地认为五四启蒙运动的目标指向只能是国家和民族，因而无论反传统还是引进新文化，其目的都是国家的独立和民族的富强。然

① 鲁迅：《鲁迅全集》第4卷，北京：人民文学出版社，1981年，第13~14页。
② 胡适：《胡适文集》第11卷，北京：北京大学出版社，1998年，第671页。

而，只要进入“五四”的历史现场，就会发现事情并非如此。

李泽厚“救亡压倒启蒙”的观点在 20 世纪 80 年代的中国学界产生了极大的影响，包括笔者本人，也是沿着他的思路开始思考这段历史的。遗憾的是，当时的李泽厚虽然提出了这一命题，却对它并未深究，对自己使用的概念也未作认真清理。所以，他一方面揭示着启蒙与救亡的冲突，并为救亡压倒启蒙而惋惜；一方面却写下了这样的结论：“尽管新文化运动的自我意识并非政治，而是文化。它的目的是国民性的改造，是旧传统的摧毁。它把社会进步的基础放在意识形态的思想改造上，放在民主启蒙工作上。但从一开头，其中便明确包含着或暗中潜埋着政治的因素和要素。如上引陈独秀的话，这个‘最后觉悟之觉悟’仍然是指向国家、社会和群体的改造和进步。即是说，启蒙的目标，文化的改造，传统的扔弃，仍是为了国家、民族，仍是为了改变中国的政局和社会的面貌。它仍然既没有脱离中国士大夫‘以天下为己任’的固有传统，也没有脱离中国近代的反抗外侮，追求富强的救亡主线。”① 这不能不让人疑惑：既然启蒙的目标就是救亡，何谈启蒙与救亡的“双重变奏”？手段自然要服从目的，“压倒”之说又从何谈起？一些问题李泽厚朦胧地感觉到了，却没有把不同的思潮及其不同的目标指向作细致的梳理，而是按照 20 世纪 50 年代赋予他的思维习惯而把各自运行的不同思想系统纳入到同一个堂皇轨道之中。因此，他一方面感到救亡压倒了启蒙，一方面却仍然把启蒙看作救亡的手段。作为 20 世纪 80 年代的学界巨子，李泽厚的见解影响了一代人。许多学者都在这个问题上承袭了他所留下的矛盾，却很少有人对他发现的问题继续思考。

在当时的年轻学者中，汪晖对这一问题的思考是认真的。但遗憾的是，在李泽厚停步的地方，他没有继续往前走，而是详细论述了启蒙之所以被压倒的必然原因，结果，就成了对救亡压倒启蒙这一“历史的必然结果”的合理性论证。而且，在李泽厚犹豫徘徊的地方，汪晖干脆作出了这样的结论：“从基本的方面说，中国启蒙思想始终是中国民族主

---

① 李泽厚：《中国现代思想史论》，北京：东方出版社，1987 年，第 11 ~ 12 页。

义主旋律的‘副部主题’，它无力构成所谓‘双重变奏’中的一个平等和独立的主题。”① 于是，由李泽厚打开一角的一个问题，就这样又被抚平，恢复了过去叙述的原状。

但是，启蒙与救亡到底是什么关系？启蒙的目标指向究竟是什么？我认为，把启蒙看作救亡的手段，或把启蒙思想看作民族主义的副部主题，都是对五四启蒙运动的严重误解。启蒙与救亡是两个不同的思潮，也是两个不同的运动，各有其独立的思想体系和运行轨道，二者可能相遇、相交，但启蒙并不从属于救亡，更不是民族主义的副部主题。

考察“五四”以降的中国，应该注意同时并存的三个主题：启蒙、救亡、翻身（或曰革命）。三个主题虽然存在着复杂的关联，却各有其不同的思想基础、出发点、目标指向和逻辑理路。它们是相互关联而又各自独立的三个体系，也可以说是三个不同的思潮或运动。三个主题产生于三种不同的意识：启蒙主题产生于人的意识；救亡主题产生于民族意识；翻身主题产生于阶级意识。三个主题又指向三个不同的目标：启蒙的目标是人的解放；救亡的目标是民族的解放；翻身的目标是阶级的解放。在启蒙的体系内，人的解放是根本目标，无论民族解放还是阶级解放，只要有利于人的解放，都可以被接纳；反之，则要受到排斥。也就是说，它可以接受任何思想，但前提是必须成为人的解放和人权保障的手段。在其他体系内，情况也是如此：在翻身体系内，阶级解放是根本目标，无论人的解放还是民族解放，都必须服从于它，如果不能为它服务，则必然受到排斥和打击。这一点，我们从马克思“无产者无祖国”的名言和列宁对于爱国主义的批判，从20世纪30年代左翼作家在中苏战争中“保卫苏联”的立场，从大半个世纪中对人道主义和人性论的态度变化，都可以看得清楚。在救亡的体系内，民族的解放和国家的富强是根本目标，无论人的解放还是阶级的解放，都只能与这一目标相一致，而不能与之相冲突。救亡要求全民族的大团结，要求全国上下

---

① 汪晖：“预言与危机——中国现代历史中的‘五四’启蒙运动”下篇，《文学评论》1989年第4期，第35~47页。

一致对外，所以，它不欢迎启蒙对个人尊严和权利的强调，也不喜欢阶级斗争的鼓吹。这一点，我们从慈禧太后和光绪皇帝的圣谕，从张之洞等人的“中体西用”，从孙中山要求人们为了国家的自由而放弃个人自由的讲话，从国民党政府在20世纪30年代的一系列政策，也都可以看得清楚。所以，这三个体系常常处于矛盾之中，除了形势所迫，很少为“主旋律”所统一。所谓“正”与“副”，所谓目的与手段，只是单方面的一厢情愿，并非双方形成的共识。

其实，从新文化运动足可以看到他们努力的目标。五四启蒙运动到底做了些什么？考察它关注的主要问题，大多与救亡无关，更与“反帝”无涉。翻一翻《新青年》《新潮》《每周评论》等刊物，就可以大致看到它涉及的一系列问题：孔教问题、伦理问题、女子解放问题、贞操问题、婚姻问题、父子问题、教育改良、戏剧改良、文学改革、语言改革……这些问题当然并非完全与国家无关，但是，它的解决与否并不直接关系民族和国家的存亡。恋爱是否自由，婚姻是否自主，贞操观念是否应该革除，孝道是否需要，独身主义和无后主义是否可行，如果经过学者的论证，当然都与救亡有关，但是，它首先是人生问题。人们可以把它纳入国家、民族的大话题之下谈论，但它本身并不必然指向国家和民族。新文化运动的领袖们之所以主张恋爱自由，不是因为恋爱可以救国；之所以反对传统的贞操观念，不是因为节妇烈女牺牲了国家的什么资源；之所以主张妇女解放，更不是要煽动娜拉们离开家庭而投身于民族解放的战场。从《新青年》集团的言论中，可以看到一系列相互对立的词语：“人的生活”与“非人的生活”，“人的文学”与“非人的文学”，“人的道德”与“吃人的道德”，“人国”与“奴隶的国度”……这正是五四启蒙运动的标志。它鲜明地昭示着人们：五四启蒙运动的目标是人，是人的解放，是人的自由和权利。

有人说，虽然五四启蒙运动直接关心的是人，但“立人”仍然是“强国”的手段，所以目的仍然是国家。在当下中国学界，这种说法是流行的。其潜在逻辑是：因为要救国，所以立人；因为要立人，所以启蒙。于是，启蒙为了立人，立人为了救国。启蒙就这样被编入了救亡体系。在这个体系中，人不是目的，而只是救国的工具。

所以，启蒙服务于救亡的观点若要成立，必须建立于两个基础之上：一是启蒙运动的领袖们是民族主义者或国家主义者；二是启蒙运动是适应救亡的需要而发生的。然而，这两点都只是理论上的假设，并非历史事实。

首先，“五四”启蒙运动的领袖们不是民族主义者，也不是国家主义者，甚至不是一般意义上的爱国者。他们大多具有鲜明的个人主义倾向和世界主义倾向，并不看重国家和民族这些介于个人与世界之间的概念。他们已经具有现代国家观念，懂得国家与公民应有的关系，因而知道爱国应该是有条件的，只有国家能够保障人的权利，这个国家才值得爱，否则，爱国就是愚昧的表现。早在发动新文化运动的前夕，陈独秀就说：“国家者，保障人民之权利，谋益人民之幸福者也。不此之务，其国也存之无所荣，亡之无所惜。”“或谓恶国家胜于无国家？予则云，残民之祸，恶国家甚于无国家。”有感于国家“不足以保民，而足以残民”的中国现实，他甚至写下了这样的文字：“不暇远征，且观域内，以吾土地之广，惟租界居民，得以安宁自由，是以辛亥京津之变，癸丑南京之役，人民咸以其地不立化夷场为憾。”① 胡适在《易卜生主义》中介绍过易卜生的思想：“个人绝无做国民的需要。不但如此，国家简直是个人的大害。请看普鲁士的国力，不是牺牲了个人的个性去买来的吗？国民都成了酒馆里跑堂的了，自然个人是好兵了。再看犹太民族：岂不是最高贵的人类吗？无论受了何种野蛮的待遇，那犹太民族还能保存本来的面目。这都因为他们没有国家的缘故。国家总得毁去。这种毁除国家的革命，我也情愿加入。毁去国家观念，单靠个人的情愿和精神上的团结做人类社会的基本，——若能做到这步田地，这可算得有价值的自由起点。”② 李大钊曾有一个理想：“只要和平会议变成了世界的议会，仲裁裁判变成了世界的法庭，国际警察如能实现，再变成了世界的

① 陈独秀：《陈独秀著作选》第1卷，上海：上海人民出版社，1984年，第118～119页。

② 胡适：《胡适文集》第2卷，北京：北京大学出版社，1998年，第484页。

行政机关，那时世界的联合政府，就正式成立了。”他所要焚香祝祷的就是“合世界人类组织一个人类的联合，把种界国界完全打破”。[①] 在《我与世界》一文中，他又写道：“我们现在所要求的，是个解放自由的我，和一个人人相爱的世界。介在我与世界中间的家国、阶级、族界，都是进化的障碍，生活的烦累，应该逐渐废除。”[②]

其次，关于五四启蒙运动的缘起，过去的叙述大都把它解释为救亡运动的派生物，因而把人的解放纳入到民族解放的主题之下。这种解释只是一种非常勉强的逻辑推论，并非根据历史事实而作出的结论。面对鸦片战争之后中国的处境，皇帝及其官员们的确是从救亡和强国这个中心出发考虑问题的。最先的留学生们也往往是为救国而远渡重洋的。但是，在当时的中国，“国将不国”是众所周知的事实，“人已非人”也是一个事实。两个事实都是中国的真问题。人们可以产生“国将不国”的忧虑，也可以产生“人已非人”的痛感。“国将不国”的忧虑产生了救亡运动，而“人已非人”的痛感造就了启蒙运动。

中国的启蒙主义者有着大致相同的精神背景。他们广泛地接受了西方现代知识，而且大都有留学的生活经历。他们远渡重洋，本来也许是一心为了国家，立志学成之后回国为皇上和他的国家效劳，但国外生活却不仅使他们学到了富国强兵的技术，而且使他们看到了另一种人生。对他们来说，这是痛苦的一击，也是伟大的觉醒。因为他们本来也是麻木群体中的分子，生活历来如此，早已司空见惯，并未感到生活在中国多么无法忍受，所以，他们也是开口闭口“我大清”，一心一意要为皇上重圆强国梦。但是，两种生活的比较使他们看到了一个现实：中国人活得不像人！早在王韬等人的言论中，我们就已听到了不平和叹息。在严复等人的文章中，我们已看到令人痛心的比较。至谭嗣同的《仁学》，则直言中国是“人间地狱”，发出了如此慨叹：“幸而中国之兵不强也，向使海军如英法，陆军如俄德，恃以逞其残贼，岂直君主之祸愈

---

① 李大钊：《李大钊文集》上卷，北京：人民出版社，1984年，第625～626页。

② 李大钊：《李大钊文集》下卷，北京：人民出版社，1984年，第23页。

不可思议，……故东西各国之压制中国，天实使之，所以曲用其仁爱，至于极致也。”①

对于一个专制王朝来说，两种生活的对比是可怕的。当人们借助外国人的生活而发现自己和同胞生活在“人间地狱”时，当人们意识到这种可怜的生存状况并非源自外国侵略而是源于自己国家的压榨时，当人们意识到旧有基础上的民族独立和国家富强并不能改变自身命运时，一种思想就产生了：如果一个国家不能保障人的权利，而且剥夺人的权利，它的独立和强盛还有意义吗？如果一个国家像监狱，囚徒们有义务学好本领以加固监狱的高墙或制造新式刑具吗？对于留学生中的多数人来说，尽管并非来自苦难的阶层，但在西方人的生活面前，他们同样没有优越感。或者说，在西方公民的权利面前，原来或许有的“皇恩浩荡”之感很快就黯然无光了。这是大清王朝的不幸：为了强国，不得不派留学生“师夷之长技以制夷”，却又无法使他们只学习外国的技术而不受其社会制度和意识形态的诱惑，专制制度优越性的宣传也注定了不能掩盖事实的真相。结果，派遣留学生本是为了使自身强盛，到头来却为自己培养了成群的掘墓人。从制度维新的酝酿，到排满革命的宣传，其中一大批人的最终目标已经不再是救亡，而是使中国人也应该像人一样生活。到五四启蒙运动开始之时，其领袖集团的主要成员大都已经完成了一个根本转变：他们不再以救亡为目的，而是以人的自由、独立、尊严与权利为目的。

（载于《文史哲》2004 年第 4 期）

① 丁守和：《中国近代启蒙思潮》上卷，北京：社会科学文献出版社，1999 年，第 256～257 页。

走进世界的李泽厚

贾晋华

《诺顿理论和批评选集》(*Norton Anthology of Theory and Criticism*)由诺顿出版公司出版(New York "London: W. W. Norton" Company, 2010),是甄选、介绍、评注从古典时期至现当代的世界各国批评理论、文学理论的权威性著作,所入选的篇章皆出自公认的、有定评的、最有影响力的杰出哲学家、理论家和批评家。第一版由文森特·利奇(Vincent B. Leitch)主编,出版于2001年,出版后好评如潮,很快成为全世界各地大学最流行、最重要的批评理论教材之一。2010年此书出第二版,文森特并有其他六位世界级教授参编。此版收入148位著者的185篇作品,始于古希腊的高尔吉亚、柏拉图、亚里士多德,终于美国女学者朱迪丝(Judith Halberstam),此书号称"最全面深广""最丰富多彩"的选本,将成为理论和批评的"黄金标准"(gold standard)。

编者在《前言》的开头自豪地宣称,第二版的最重要新特色之一是选入4位非西方学者的著作,包括中国的李泽厚,阿拉伯的 Adūnīs,日本的柄谷行人,及印度的 C. D. Narasimhaiah。在《前言》的结尾处,编者又指出:"虽然理论仍然保持欧洲中心,我们那些来自非洲、亚洲及中东地区的选篇开始敞开更广阔的境界。"诺顿出版公司为此书所写的简介也宣布:"来自非西方理论的新选篇及对20世纪选篇的彻底更新,使得此书甚至更为丰富多彩及更具权威性。"

此书在卷首排列两个目录,其一按著者的生年排序,其二按理论和批评的类别排序。在第二个目录中,李泽厚的名字被分别列举于三种类别之下:美学(Aesthetics)、马克思主义(Marxism)及身体理论(The

Body)。其中美学一类最引人注目。此类仅收入十三位学者，几乎皆是声名赫赫的大哲学家，包括休谟、康德、莱辛、席勒、黑格尔等。李泽厚是其中唯一的非西方现当代哲学家。

与其他条文一样，李泽厚的条文包括了著者评介、评注式书目及包含详细注释的选篇。在著者评介中，编者称："李泽厚是当代中国学术界的一个奇观……他所发展的精致复杂、范围宽广的美学理论持续地值得注意，特别是其中关于'原始积淀'的独创性论述。"编者认为，李泽厚在融合东西方众多思想传统的基础上构建起他的哲学和美学体系，而其著作的最深根基则是康德、马克思及传统中国思想。他通过提出有关主体性、人文知识及美学的崭新论述，将马克思和康德联系在一起，并通过与传统中国思想的贯通而对此两位思想家做出独到的再阐释。李泽厚挑战康德先验认识论的形而上学理念，将眼光投向人类历史，从而发展出自己的一系列思想，其中最著名、最具独创性的是其"积淀"(或"文化—心理构成")理论。他致力于为康德的先验主体性提供一个马克思式的物质基础，并以"天道即人道"的传统中国信仰加以融解。他从两个方向强调一种宇宙物力论的拓展：首先，人类人化了自然界，使之成为更适合生存的地方；其次，人类同时也人化了他们自己的身体和思维构成，从而日益拉大他们与动物的距离。通过融合中国和西方的视境，李泽厚以"人的自然化"弥补了马克思的"自然的人化"，又以基于中华民族长期的经验和实践的、唯物论的"实用理性"弥补了康德的"超越理性"。

编者接着指出，李泽厚对于美学理论的主要贡献在于将实践引入关于美的本质的研究。他认为个体有能力对自然进行审美欣赏，是因为作为集体的人类实践已经改变了自然与人的关系，将原本的对立力量转换成服务于人的需求的事物。因此，对于美的本质的探讨就不仅要考虑个体的感官、心理和文化反应，而且要注意集体创造性实践的物质和社会范畴，包括美感在时间中的发展。李泽厚对于宇宙和历史的双重强调引出一种内在的、基本的张力，他称之为"主体实践的哲学"，其中包含了积淀。在美学的领域，积淀指人类普遍化的艺术形式的历史形成。李泽厚描述了原本为其他目的而创造的物件和活动如何发展成为艺术。他指出古代工具展示出美的成分和模式，特别是对称、比例、均衡及韵律。人的能量（气）通过劳动（他们的产品）而呈现出美的形式。审美对象在其制造过程中激发起美感愉悦。诸如舞蹈者的动作和诗歌的诵读声的物质载体触发情感，早于批评的理解。每一种物件或作品，无论其实用因素如何随着时间而消退，也无论其具备多纯粹的美学意味，“人世的情感”总是积淀于其中。它保存了物质化的、劳动的及感知的遗产，也保存了社会历史、心理历史及形式。编者认为，李泽厚的积淀理论明确地将劳动理论添入凝结于构成艺术传统的美学形式中的社会心理和历史，这是具有重大意义的。

编者还注意到，李泽厚通过分析一些艺术形式，展示了这些原本从属于实际功用的形式结构随着其实际功用的消失而变成独立的审美对象。当此类艺术品形成后，它们影响了人的头脑。从哲学上看，它们历史性地影响了审美心理的构造，使得艺术技能的发展和审美遗产的存留成为可能。李泽厚质疑关于艺术统一欣赏者和物质载体、主体和客体的流行观点，认为审美经验中的原始成分是审美心理形成的前构。这种审美经验通过积淀而获得一种客观的性格。他将艺术品看成既是特定社会和特定时间的物质产品，也是人类头脑构成的相应产品。在这里他背离了将艺术品看成是社会力量和人的关系的反映的通常社会学观点。他通过分析古代中国历朝历代不同文学形式的出现，论证了上述历史主义和心理学的转换。

编者进一步分析，李泽厚阐述了艺术品的三个层面：形式，形象及意义；并将之与三种积淀形式相联系：原始积淀，艺术积淀及生活积淀。虽然他关于层面和积淀的完整理论是他自己的和新创的，但如同他自己所标明，这一理论受到西方思想家诸如维柯、马克思、弗洛伊德和荣格的启发。编者最赏重的是李泽厚关于原始积淀的论述。李泽厚将原始积淀与形式层和自然的人化相关联，认为正是通过形成于劳动过程的原始积淀，人们学会了认识美。他进一步注意到任何艺术品的魅力依赖于其材料，并运用中国的“气”观念来探讨控制“材料”的特定方式所产生的艺术魅力。气既与人的生理有关，也与物质质料和结构有关。艺术作品的感知形式层的存在、发展和变迁，正好是人的自然生理性能与社会历史性能在五官感知中的交融会合。艺术作品的形式层与人的感知能力的人化相应，包含相互联系的两个方面。其一是创作者和欣赏者的身心向自然的节律接近、吻合和同构，李泽厚称之为“人的自然化”，不仅表现为如中国的气功、养生术、太极拳之类的身体—精神活动，也呈现在艺术作品的形式层。其二是朝向不断变迁的、反映不同时代和社会的事件、物体及关系的延伸。李泽厚总结说，原始积淀、自然的人化及个体感知能力的社会化在艺术品的生产和接受的过程中错综交织和相互作用。

如同选集中的其他条文一样，编者本着批评的精神，对李泽厚的美学理论提出一些疑问。这一理论揭示了艺术家和时代、欣赏者和艺术品、身/心和社会等的和谐一致，但对不和谐、不一致和争论却未给予充分的注意。虽然它以历史为指向，却仍有将艺术普遍化及将之降低为反映力量的倾向。这一理论将身体、感知和情感置于思想、逻辑和想象之前，却未展开充分论证或探讨它们之间的相互关联。“然而，”编者最后以高度的肯定称赞作为总结：“通过将身体、劳动及气置于美学推论的核心，李泽厚提供了一种关于艺术生产和接受的独一无二的、宽广的、具有说服力的论述。由于强调历史变化，他避免了多数原型理论的永恒化特征，却又能够坚持将艺术植根于社会心理和历史。其原始积淀的理论伴随着一股强烈的民主化推力，作为均衡的力量运作于人和社会躯体的微观层面。在李泽厚的分析中，工艺和伟大作品始终都是艺术实践和艺术史的部分。”

在书目部分，编者详细列举介绍李泽厚的著作及其被翻译为多种语言的情况，以及西方对李泽厚思想的研究，并准确全面地将其著述划分为三个领域：哲学和美学，中国思想史和艺术史研究，及中国文化和社会研究。编者选入此集的篇章，则出自李泽厚所著《美学四讲》英文版的第八章“形式层与原始积淀”（The Stratification of Form and Primitive Sedimentation）。英文版书名为 *Four Essays on Aesthetics*：*Toward a*

Global View，由李泽厚和 Jane Cauvel 共同翻译（Lanham，MD：Lexington Books，2006），与中文版有所不同。

李泽厚曾经说，他希望中国理论不仅“走向世界”，而且真正“走进世界”。继1988年当选巴黎国际哲学院院士之后，李泽厚又入选《诺顿理论和批评选集》，并获得与世界古今第一流哲学家、理论家、批评家相提并论的高度评价，这些代表了当代中国哲学、理论及批评“走进世界”的重大业绩，成为华夏学人的骄傲。无独有偶，与诺顿选集的推出大致同时，刘再复出版了《李泽厚美学概论》（生活·读书·新知三联书店2009年版），对李泽厚的美学体系进行全面深刻的总结、概述和评价，其中有不少看法与诺顿编者不谋而合，从而共同代表了中西学界的权威性评判。这两份有意无意之中献给李泽厚先生八十华诞的厚礼，或许可聊慰哲人的寂寞之心？

（载于《读书》2010年第11期）

20 世纪 80 年代的李泽厚与“史”：一个观察近年的文学走向的视角

林少阳

20 世纪 80 年代对历史叙述、历史意识的解构和重构是一个中国思想、知识界和文学界的集体工程，而在思想界李泽厚的贡献尤为瞩目。对于 20 世纪 80 年代的知识界，尤其是文科的大学生和研究生而言，哲学、美学和思想史领域中的李泽厚（1930—），其影响是巨大的。言其为 20 世纪 80 年代的“青年导师”，料无异论（接受其影响的，主要是 20 世纪 50 年代和 20 世纪 60 年代出生的青年学人）。李泽厚的“哲学”“美学”的影响也超出其学科领域。这一“超出”既是从读者接受角度，也是从李泽厚著述对这些读者与历史、现实关联的影响来看的。对于 20 世纪 50 年代和 20 世纪 60 年代出生的许多人来说，李泽厚现象与 20 世纪 80 年代及之后的文学之间的关系（关联及断裂）究竟是如何，本文将探讨这一看似不太相关的问题。

李泽厚主情①、主心理的美学主张对“文革”后的文学，尤其对文学理论、文学批评的影响，这不难想象。本论文试图探讨的是，他与后来文学的关联，与其说是从“美”的角度，莫若说是从“史”的角度。

① 李泽厚说：“近年来我思考的中心虽然是情感本体，但是 20 世纪 70 年代末 80 年代初我就预感到这一点。”李泽厚、刘再复对话录《告别革命：回望二十世纪中国》（1995 年初版），香港：天地图书公司，2004 年 2 月（第五版增订版），第 342 页。不过，刘悦笛指出，“情感本体”应该视为李泽厚晚年思想。见杜维明等：“李泽厚与中国八十年代思想界讨论”中刘悦笛发言，《开放时代》2011 年第 11 期（总第 233 期），第 19 页。

本文也是试图通过20世纪80年代思想史话语与文学之间的关系，探讨中国大陆20世纪八九十年代以来知识分子思想变化的一个侧面。虽然李泽厚著作中哲学部分能读懂者其实有限，但其美学和思想史著述深入浅出，其影响对某一年龄段的读者来说不可小觑。笔者认为，李泽厚对某一年龄段的知识分子和青年读者重审历史、定位当下，应有其不可忽视的贡献。在本论文的第二部分，笔者将以长篇小说为例，探讨20世纪90年代末以来的文学如何承接20世纪80年代思想史话语和文学重新认识历史的谱系，在重构或解构现代史历史叙述上如何与20世纪80年代的李泽厚思想史话语之间构成一个谱系，同时也将指出，在现代性批判等方面，其间又如何有着明显的断裂。而这一部分，也等于试图从文学的角度探讨李泽厚热20世纪90年代后冷却的思想和社会的原因。

一、作为一代思想史家的李泽厚：历史话语的解构与重构以及现实关怀

（一）

20世纪80年代知识界悄悄兴起了青年马克思异化论、人道主义理论的讨论，以批判“文革”（女作家戴厚英的小说《人啊，人!》于1980年年底的出版更引发了一场对“非人”的大讨论）；主流也在致力于思想解放运动以及“实践是检验真理唯一标准”的讨论（1978年5月），以摆脱党内的教条主义。另外，朝向未来与维持现状的意志之间也有其紧张。比如说1980年年底，部队作家白桦（1931—）写出电影剧作《苦恋》，描写爱国画家归国后在历次政治运动中受到迫害，次年的4月17日便遭到了批判，1981年第一次“反对资产阶级自由化”运动，后来在中央书记处书记胡耀邦（1915—1989）亲自干预下才得以平息。之后出现的20世纪80年代“文化热”正说明了这一点，而李泽厚也正是出现在这样的思潮之中。李泽厚20世纪80年代的著作主要如下：

1. 哲学两种：《批判哲学的批判：康德述评》（1976年10月写毕，

1979 年春出版)，《我的哲学提纲》(1989 年)。

2. 思想史论三部曲：《中国近代思想史论》(1979 年)，《中国古代思想史论》(1985 年)，《中国现代思想史论》(1987 年)。

3. 美学三种：《美的历程》(1981 年)，《华夏美学》(1989 年)，《美学四讲》(1989 年)。

4. 《走我自己的路》(1986 年，序跋、学术散文、杂文、发言提纲集)。

5. 《马克思主义在中国》(1988 年)。

上述这几本书，每一本都是 20 世纪 80 年代的文科读者高度关注的。笔者罗列此书目，是想强调以下两点。首先，在 20 世纪 80 年代李泽厚的著述中广义的“史”，事实上占了最主要的位置，其中思想史论三部曲、美学三种、《马克思主义在中国》也是典型的思想史、美学史著述，《走我自己的路》也是思想史论文和探访方面的结集论著。其次，即使是哲学方面的著述，间接地说，在如下意义上也有强烈的“史”的意味：重审中国现代史语境中的马克思主义，尤其是修正作为主流教义的正统马克思主义教条，以康德哲学的阐释相对化中国语境中的黑格尔主义，而黑格尔主义的问题无疑是审视中国语境中的正统马克思主义的重要构成。关于哲学与历史或与之互为表里的现实之关系的问题，李泽厚夫子自道曰：“我所研究的是美学、中国思想史和康德哲学，但我自己感兴趣还是在哲学本身。哲学到底研究什么？简单一句说，就是研究‘命运’：人类的命运、中国和个人的命运。……又如讲康德的那本书，也讲了个体命运、意思认为个人的命运应该如何自己选择、自己决定、自己主宰、自己负责，不是让别人安排自己的命运。”[①] 显然，李泽厚的哲学所着眼的，无非是中国现代史以及处身其中的生命个体的命运，在此意义上，他的哲学亦为另类的“史”。又比如说，他在《批判哲学的批判：康德述评》中将康德的“普遍必然性”解释为“客观

① 李泽厚：《李泽厚十年集·第四卷·走我自己的路》，合肥：安徽文艺出版社，1994 年版，第 415 页。

社会性”，是制约于社会实践的历史性质的。（第三章）也就是说，他将康德的“普遍必然性”作了人类学的历史解释，即解释它们为人类生存所必需有的“客观社会性”的合理性，认为这种对于个体来说“先验理性”，实际上是合理性经由历史积淀而成的心理形式，并通过广义的教育传给后代①。李泽厚的哲学与问题意识、历史感无涉的“哲学”的区别，实在是一目了然。这一强调历史、社会的联系性的立场，也与其马克思主义者的立场有关。因此，不难看出，李泽厚上述书目有着共同指向。这一共同的指向，正是历史以及与之互为表里的现实的强烈关心。

关于这一共同的指向，正如李泽厚自己说的：

> 据说有人说我“杂”，又是“中国思想史”，又是“外国哲学”，又是“美学”……我欣然接受。因为我一生都不想做一生治一经的专家。……中国的文史哲从来不分家，这其实是个好传统。……也有有心的读者看出它们（指其《判断哲学批判》以及三卷本中国思想史著述。——引用者）指向一个共同的方向。至于这个方向究竟是什么，还是不说为好。②

李泽厚的“哲学”与“美学”之所以能超越学院，强烈地影响一个时代，正是产生于严谨的治学精神与强烈的现实关怀之结合。李泽厚在此所讲的，是做学问“见木不见林”与“见林不见木”的两个极端，而认为两者都该“见”。这一问题其实在中国传统学术史上也是一个老问题，“博”“约”关系说的正是这一问题。比如说清儒章学诚（1738—1801 年）便在其《文史通义》中言及“学贵博而能约，未有不博而能约者也”③。章学诚强调“学业将以经世也，……故学业者，

① 李泽厚：《历史本体论/己卯五说》，北京：生活 · 读书 · 新知三联书店，2003 年，第 42 页。

② 李泽厚：《李泽厚十年集 · 第四卷 · 走我自己的路》，合肥：安徽文艺出版社，1994 年版，第 17 页。

③ 章学诚著，叶瑛校注：《文史通义校注》，北京：中华书局，1994 年版，第 158 页。

所以辟风气也。风气未开，学业有以开之”①。李泽厚此处所提及的治学之“杂”，可理解为“博”。“约”既指“博”之前提下之“专”，更应理解为指向现实之问题意识，即传统学术史术语之“通”的问题。“通”，应理解为不仅指贯通学科、古今，更在于学以致用。李泽厚此处所说的，其重要性不仅在于讲治学的方法论，也在于讲学问应有的现实关怀。关于后者，可从李泽厚言及自己的著述皆指向“一个共同方向”中窥见其玄机。这一共同方向其实就是与现实互为表里的历史。如何解释历史，与如何解释现实是相关的。其政治意识在此若隐若现。从学问的角度看，李泽厚并非真的在批判“一生治一经”的“专家”，而是以自己的“杂、多、乱”，告诫年轻人不要“狭、少、贫”，更在于暗示学问必须有着现实关心这一基本的学术的伦理和政治的态度。后者在 1979 年这一特殊的环境中却只能以“还是不说为好”这一欲言又止的态度暗示出来。李泽厚上面并非批评“一生治一经”的“专家”，实际所批判的是学界的“狭、少、贫”，后者在缺乏现实的问题意识这一点上，实际上也是学术的去历史化、去政治化的问题。关于这一点，李泽厚本人在 1986 年出版的《走自己的路》中曾谈到已出版的《中国近代思想史论》《批判哲学的批判》《美的历程》三书，其“全在讲过去，但起点却出于对现实的思考”②。在此意义上，李泽厚学术的另一意义，则在于破除了政治意识形态传声虫的“学术”，还学术以历史、伦理的本义。李氏“还是不说为好”的、其研究所指向的“共同的方向”，就本文的用语而言，也许可以理解为对现实的关注，以及与之互为表里的关于现代中国的历史叙述和历史认识的问题。

因此，其言史，既在学术上功力深厚，却自成体系，又能令“有心的读者”会心共鸣；其谈“哲学”，固然是西方的 philosophy，但却又是与中国接受这一“哲学”的历史现实语境密切相扣，而与学院派主

---

① 章学诚著，叶瑛校注：《文史通义校注》，北京：中华书局，1994 年版，第 310 ~ 311 页。

② 李泽厚：《李泽厚十年集 · 第四卷 · 走我自己的路》，合肥：安徽文艺出版社，1994 年版，第 75 页。

流无涉历史与现实的“哲学”大相径庭。自然“体系”往往都容易与形而上学有着危险的距离。无论如何，李泽厚试图从现实和历史的问题出发去建构自己的思想史体系，而非从理论出发去分析现实和历史，亦即不是教条主义、食洋不化。于笔者看来，李泽厚的治学态度正是新时代另类的“文史通义”，正是章学诚所强调的“风气未开，学业有以开之”之最重要的其中一位思想史家。如上所述，清儒章学诚的《文史通义》不仅谈的是理论上文史如何相通，同时也谈的是学术应该如何经世致用的问题。

（二）

笔者认为，李泽厚在20世纪80年代的贡献之一正是在历史认识问题上（而笔者也将指出，20世纪80年代文学也在这一方面与李泽厚有着客观上的呼应关系）。一方面，李泽厚去除了马克思的历史唯物主义及与之相关的阶级斗争理论，而高扬了马克思的实践理论。在此基础上强调使用和制造工具是人类社会的根基。他对中国思想史的解释，最具其影响者，更在于近现代中国思想史部分，古代史部分也与其中国美学史叙述相呼应，而具有其广泛的影响。由此，他建构了与其时主流的历史叙述迥然有异的历史叙述，也微妙地改变人们的历史认识。20世纪80年代在文学理论领域呼应李泽厚理论的刘再复曾指出：“李泽厚的这套思想，却恰恰是‘解构’本世纪的革命理论和根深蒂固的正统意识形态的最有效的方法和形式，……也就具有最大的影响力而成为正统教条主义的真正的威胁。”① 李泽厚本人也在2006年某个访谈中也说：20世纪80年代的主要特征就是个人的觉醒。……20世纪80年代是个人在集体权力几十年控制下的觉醒。”② 李泽厚对正统马克思主义的颠覆，从而动摇了正统的话语体系，进而影响了后来的历史叙述以及年轻一

① 刘再复：《序：用理性的眼睛看中国：李泽厚和他对中国的思考》（1995年初版序），李泽厚、刘再复对话录：《告别革命：回望二十世纪中国》，香港：天地图书公司，第25页。

② 李泽厚：《李泽厚近年答问录》，天津：天津社会科学出版社，2006年版，第169页。

代的历史认识（尤其现代史认识），以追求个人的觉醒。这主要是通过解构主流的马克思主义教条，并通过近现代史的重释而双管齐下达致的。历史的解释常常就是现实的解释，话语有时能生产新的指涉，而不仅仅是现存指涉物之被动的代表、替代（representation），这一点可从这一例证中再次得到证明，也是章学诚所说的“风气未开，学业有以开之”。

进入 20 世纪 90 年代后，现实关怀这一知识分子情怀在 20 世纪 90 年代特殊的政治、文化氛围中被“终极关怀”之类的说法所替代。“终极关怀”这一汉语本应是来自基督教神学概念之 ultimate concern 的翻译①。“终极关怀”在现代汉语中的流行很大程度上应拜学者刘小枫（1956—）所赐，20 世纪 90 年代以后以他为主的部分学者试图将基督教神学资源导入汉语学术圈，对新中国成立后长期接受无神论教育的部分知识界人士来说，可谓顿开新的世界。附带指出，“终极关怀”这一神学语源未必都为使用者所留意，甚至这一词近年已经成为某些论者把握中国传统思想的一个关键词。这一关键词的使用本身有着强烈的中国现实与历史的印记，也算是某种“西体中用”。笔者在此想指出的是，由“现实”而至“终极”，一词之变，横陈其间的，却是巨大的现实变化。“终极”是缥缈了，但是“关怀”的心情依在，却个体化、内面化，甚至神学化了；目标是高远了，但不可否认的是，现实也同样遥远了。笔者以为，这一替代虽然不可以完全以历史语境进行消解，但无可否认它与八十年代以来现实以及人们态度的复杂转换并非无关。

而李泽厚无疑是“终极关怀”之前的思想史家。至少在历史叙述、历史认识问题上哲学、美学领域的李泽厚，与以诗人北岛等所代表的 20 世纪 80 年代初期的文学之间获得了某种关联。此外，20 世纪 80 年代的文学也宣判了作为政治传声虫的“文革”文学的终结。在更深的层面上，李泽厚所代表的哲学美学话语和思想史话语，正像北岛所代表的新诗都

① 如著名的德裔美国神学家保罗·蒂利希（PaulTillichi，1886—1965），在其《Dynamics of Faith》（1957 年）中将 faith 定义为终极关怀，并以其概念为中心展开其神学哲学研究。

在重新定义文学的同时，也试图重新定义“政治”和“主体”。

二、李泽厚的思想特质：从 20 世纪 80 年代的“文化热”至 20 世纪 90 年代以后的“国学热”

（一）

大致说来，李泽厚的著述与 20 世纪 80 年代的关系表现在如下几点。

首先，是李泽厚主体哲学的提出。其主体哲学有两个方面。一个是客观的，即“人类本体工艺—社会结构”，另一个则是主观的、主体性的，即“文化—心理结构”。两者都是历史的，但前者偏向社会，后者偏向人的内部、情感，因此他将自己的哲学又称为“人类学历史本体论”①（近年他再将之修正为“历史本体论”②）。主体哲学的提出背后有着高度的现实指向，其问题关心与批判“文革”的问题意识相关。比如李泽厚在《我的哲学提纲》（1989 年）中指出了“毛泽东时代一般人认为人性就是阶级性”③，指出了文化大革命期间阶级斗争话语所蕴含的异化问题。他将人性定义为其“文化—心理结构”概念中“心理本体其中又特别是情感本体”④。他注意到了市场和科技同样对人性有着异化的可能，留意到“以先进工具和现代工艺为社会生产力特征的西方”之“非人性统治”，因此而提出“消除异化，提出文化—心理结构即人性建设的工作才是重要的”⑤。在这一点上他可以说有着一定的儒家色彩。李泽厚主张以“人类本体工艺—社会结构”与“文化—心

① 李泽厚：《李泽厚十年集 · 第二卷 · 批判哲学的批判 · 我的哲学提纲》，合肥：安徽文艺出版社，1994 年版，第 504 页。

② 李泽厚：《历史本体论/己卯五说》，北京：生活 · 读书 · 新知三联书店，2003 年，第 5 页。

③ 李泽厚：《李泽厚十年集 · 第二卷 · 批判哲学的批判 · 我的哲学提纲》，合肥：安徽文艺出版社，1994 年版，第 459 页。

④ 李泽厚：《李泽厚十年集 · 第二卷 · 批判哲学的批判 · 我的哲学提纲》，合肥：安徽文艺出版社，1994 年版，第 493 页。

⑤ 李泽厚：《李泽厚十年集 · 第二卷 · 批判哲学的批判 · 我的哲学提纲》，合肥：安徽文艺出版社，1994 年版，第 492—493 页。

理结构”这两大支柱去解决社会政治的矛盾，尤其在以建构与传统文化有着选择性对话关系的“提出文化—心理结构”，在这一点上，也可以看出李泽厚五四式启蒙意识的延伸，以及儒家的影响：借内部世界的伦理、理性的修养（所谓内圣），去追求外在社会政治秩序的和谐（所谓外王）。他将这一“人性建构”用其哲学术语表达为“内在自然的人化”①。“文化—心理结构”被认为是“从本体所理解和把握的作为历史积淀的感性结构”②。正如他在《批判哲学的批判》中所指出的那样，“不脱离感性，也就是不脱离现实生活和历史具体的个体”③。李泽厚糅合他所理解的康德主体论，推崇感性个体，这与人们经历“文革”的压抑而谋求个体自由的心情相吻合，也反映了这一时代的知识界对主体性解放的向往。

其次，李泽厚对实践理性的推崇（有时他自己也将之戏称为“吃饭哲学”），也可以看出他的思考与官方主流主导的思想解放运动的重合部分。不同的是他同时又蕴含着“经济发展—个人自由—社会正义—政治民主”的乐观④，这一进程又被表现为“经济发展—社会经济立法—全面立法”⑤。因此，这一重合应该是某种巧合，也有着不同的用意和侧重。比如说前者侧重于消除党内的教条主义，而后者则侧重于个体解放、思想解放的心声。而重合的则是，他对实践理性的推崇，事实上与党内外谋求和推动现代化的急切期盼的心情不谋而合。正如 1994

---

① 李泽厚：《李泽厚十年集·第二卷·批判哲学的批判·我的哲学提纲》，合肥：安徽文艺出版社，1994 年版，第 493 页。

② 李泽厚：《李泽厚十年集·第二卷·批判哲学的批判·我的哲学提纲》，合肥：安徽文艺出版社，1994 年版，第 493 页。

③ 李泽厚：《李泽厚十年集·第二卷·批判哲学的批判·我的哲学提纲》，合肥：安徽文艺出版社，1994 年版，第 432 页。

④ 这类观点贯穿于李泽厚的思想。比如李泽厚、刘再复对话录《告别革命：回望二十世纪中国》，香港：天地图书公司，1995 年出版，第 136 页。对此著名政治学家邹傥教授也在高度称许该书的前提之下对此一程序表示质疑。邹傥的《革命与“告别革命”——〈给告别革命〉作者的一封信》，见李泽厚、刘再复对话录《告别革命：回望二十世纪中国》，香港：天地图书公司，2004 年版（第五版增订版），第 19 页。

⑤ 李泽厚、刘再复：《告别革命：回望二十世纪中国》（增订版），香港：天地图书公司，2004 年版，第 264 页，《斗争哲学和所谓辩证唯物论》章。

年《批判哲学的批判：康德述评》再版时，在该书的出版简介中所指出的那样，他所强调的“使用和制造工具是人类社会的根基”的观点，“与邓小平后来提出的‘科技是第一生产力’不谋而合”[①]。在1995年的《告别革命》中李泽厚也高度评价邓小平的“实用理性”，并且认为实用理性是自孔子以来的重要传统（第24~25页）。也正是在这一点上他将马克思主义与儒家结合在一起。李泽厚甚至不讳言自己为邓小平的改革路线提供理论（第260页）。改革开放确实是有着广泛的民意基础，党内精英及知识界都坚信经济、科技层面的改革有利于化解国家的危机。当然李泽厚的想法更早、更前瞻、更具备理论上的系统性。从李泽厚思想对实践理性、进步、历史发展的乐观来看，无疑他是一个现代主义者。而这一点在当时又与人们对现代化的坚信不谋而合。因此李泽厚这一特点有着浓重的时代烙印，可谓时代使然。

再次，李泽厚对实践理性和感性个体并重，并从此角度重构中国“美学”，他对中国美学的重构也源自他重新阐释传统中国思想的企图。他的“文化—心理结构”客观上也无意中为后来的“国学热”提供了建构集体认同的哲学和美学的准备，但这一集体认同哲学美学急促的提供未必是李泽厚的本意，而且这一集体认同也未必涉及“民族”之类的排他性框架，因为“文化—心理结构”其实也与李泽厚受康德影响的对普遍性的追求相关。如论者指出，李泽厚美学受康德影响最大之处是普遍性概念，作为普遍的指涉，也就是心理状态，它不仅是个体的心理状态，更是与之有关的某种普遍性的东西，它是社会生命及文化教化的历史结果，并在这一点上李泽厚融会了马克思和康德[②]。其实，这也是李泽厚融合传统思想史尤其儒家思想史于马克思、康德的思想之处。李泽厚令“文革”中被意识形态挪用、肢解的中国古代思想，与其解释中的马克思和康德的思想接轨，因此而令人耳目一新。而这一点则又

---

① 李泽厚：《李泽厚十年集·第二卷·批判哲学的批判·我的哲学提纲》，合肥：安徽文艺出版社，1994年版，扉页。

② 杜维明等：《李泽厚与80年代中国思想界》中Heinrich Geiger的发言，《开放时代》2011年第11期（总第233期），第11页。

与人们重新关注传统思想的愿望相合。在此意义上，以李泽厚 20 世纪 80 年代关于中国传统文化叙述所代表的“文化热”，完全可以说是 20 世纪 90 年代以来中国大陆语境中所谓“国学热”的另类先声（所谓另类，是较之张岱年等在传统中国思想内部谈“国学”意义上的）。李泽厚是在将传统思想与马克思、康德思想的融合上更是一种现代穿越了“西方”和“现代”之后重构的“国学”。他的“国学”（如硬要使用这一说法的话）并没有排斥马克思、康德等西方思想。虽然 20 世纪 80 年代的“文化热”与 20 世纪 90 年代以后的“国学热”之间有着政治、社会、文化语境的不同（如 1989 年之后主流意识相态进一步弱化、知识界本身在变化、中国式市场化进一步展开等），李泽厚与后来“国学”的主张者在重审传统文化、反对极端现代主义的传统文化虚无化上，都是有着共通之处的。

（二）

另外，李泽厚等 20 世纪 80 年代的“文化热”与后来的“国学”热之间的区别至少也表现在如下两方面。首先，20 世纪 80 年代的“文化热”对传统中国思想、美学史的探讨和关心主要是在修正“文革”的传统文化虚无主义的层面上，以传统文化相对化官方马克思主义，李泽厚关于中国哲学和美学的叙述也不例外。（这一时期的法兰克福学派马克思主义热，与李泽厚的马克思主义一样，也是在相对化官方马克思主义教条的语境中的）这与后来的“国学”热对传统文化的重评，将“国学”的“他者”设定在西方文化和中国现代化性中的西化问题的这一点上是不同的。其次，20 世纪 80 年代“文化热”常常是一种叙述现实政治的策略，不无借古喻今的意图，这也与后来的“国学”热不同。这一点正如李泽厚在 1989 年的一次访谈中所透露玄机那样：“文化热其实是没有办法的事。现实问题不好谈，只好借文化来谈。……”①

① 李泽厚：《李泽厚十年集·第四卷·走我自己的路》，合肥：安徽文艺出版社，1994 年版，第 529 页。

李泽厚被视为20世纪80年代“文化热”的代表性思想家，他与20世纪80年代“文化热”中的知识分子在此一时期的文化热仍然在五四启蒙的框架之内，李泽厚对20世纪80年代与“五四”启蒙之间的关联当然有着强烈的意识。李泽厚很有影响的一篇论文《启蒙与救亡的双重变奏》（《走向未来》创刊号，1986年）中便可以看出他的这一意识。在该论文中，李泽厚认为五四新文化运动所主张的个人自由和独立很快便因帝国主义的威胁而被集体主义（如民族主义、马克思主义的阶级话语等）价值所淹没，因此，近现代中国的基本主题是救亡，它压倒了通过启蒙导入西方的民主与科学的原定现代性计划[①]。但是他与20世纪80年代“文化热”之间又有着区别。比如，在专制与传统文化的因果设定关系上，李泽厚却又与“文化热”中许多知识分子明显不同。20世纪80年代“文化热”中的大部分知识分子对传统文化、思想的态度仍然没有脱离“五四”的反传统框架：他们常常将现实制度性缺陷简单地归咎于古人（如《河殇》现象，又如当时温元凯等知识分子的立场等）。事实上20世纪80年代知识界主流都不同程度地将中国古代的政治学术思想传统简单化，同时与此互为表里的，也不可避免是对西方文化的简单化。而后者也与今天“国学热”中某些人对西方文化的简单化拒绝，与20世纪80年代对传统文化的否定态度，两者貌似相反，实则有着某种理路上的关联。今天的国学热一定程度上有着现代性批判的一面，但也不可否认其中有许多人将汉字圈传统学术和西学同时简单化。

1995年初版的李泽厚、刘再复对话录《告别革命：回望二十世纪中国》也是一本影响很大的著作。首先，它是李泽厚20世纪80年代论著的影响力的一个延续。其次，它有着强烈“八九”后的语境。这本书有着一定的歧义性。一方面，它在解构主流的革命话语上有其作用；另一方面，它与激情的20世纪80年代末期之后知识界和年轻学子的低

---

① 李泽厚：《李泽厚十年集·第三卷下·现代中国思想史论》（1987年初版），合肥：安徽文艺出版社，1994年版，第202～203页。

潮意识相当契合。李泽厚的著述深刻影响了 20 世纪 80 年代的知识青年，但是，李泽厚的《告别革命：回望二十世纪中国》再次引起 20 世纪 90 年代中低潮期的知识青年不小的共鸣。最后，在后“文革”后的 20 世纪 80 年代末期之后的时代，抑革命、扬改良的倾向[①]也是知识界其中一个思潮。笔者以为，就其著述的层面而言，李泽厚对“革命”的政治学定义、对晚清“革命”话语本身的复数性等，未必有清晰的梳理[②]（毕竟这是一本对谈集），因此，也容易予人以将“五四”中心的革命观、党派的晚清的“革命”叙述，等同于晚清多元的“革命”之虞。当然，历史往往又是今人的历史。李泽厚抑革命、扬改良的近现代史观，与其对现实的解读又是不无关系的：他视中国改革开放政策为新的改良运动，而与此“改良”（改革）构成反题的，是激进的中国近代史。这既和李泽厚、刘再复对“文革”斗争哲学的批判有关[③]，同时，更与其经济中心、生产力中心的马克思主义观点有着密切的关系。他的经济中心、生产力中心的“实践理性”常被他戏称为“吃饭的哲学”。这一“吃饭的哲学”固然在批判当时官方主流的阶级斗争中心的马克思主义教条，这在当时有着重要的意义，但是，也必须指出的是，他基本上对是否应先定“吃饭”的规则不关心。比如，“饭”被不公平地分完后公平的“吃饭”规则是否可能产生？从这个意义上说他似乎缺乏政治学的关心。这一匮乏又有着其 20 世纪 80 年代后“文革”时期的特殊语境。具体说，李泽厚在 20 世纪 80 年代重提启蒙的意义，一方面是以“文革”中大众的愚昧和狂热为前提、为批判的目标，同时以批判主流的阶级斗争哲学作为其理论上解构的目标。他的“吃饭哲学”

---

① 李泽厚、刘再复明言肯定晚清改良的价值而批判革命的激进主义，见《革命与改良：世纪性的痛苦选择》章，见李泽厚、刘再复的对话录《告别革命：回望二十世纪中国》（增订版），香港：天地图书公司，2004 年版，第 63 ~ 64 页。

② 比如这一点见于他对章太炎“革命”的梳理。章太炎对国家的集体主义对个人压抑、革命与复古的关系，皆未能论及。整体上来说，依然是一个进步主义框架内的章太炎解读。《章太炎剖释》，见李泽厚：《李泽厚十年集 · 第三卷中 · 中国近代思想史论》，合肥：安徽文艺出版社，1994 年版。

③ 李泽厚、刘再复《告别革命：回望二十世纪中国》（增订版），香港：天地图书公司，2004 年版，第 264 页，《斗争哲学和所谓辩证唯物论》章。

有效地解体了僵化的主流意识形态。另一方面，李泽厚在20世纪80年代重提“启蒙”又是经济超越政治、文化超越政治，以“实践”（改革的代名词）和“文化”解构保守的意识形态话语。也是在此意义上，李泽厚注重“实践理性”的哲学，与改革开放的主流政策之间有着不约而同的呼应（这一不约而同也见诸其实践角度的康德解读）①。他的实用主义色彩令他在历史认识的问题上尤其是近代史解释的问题上偏重于以康有为的改良为中心②。将章太炎的革命与毛泽东的革命以“道德主义”一词作为一起讨论的层面，容易予人以简单等同两者之嫌，而容易忽视毛泽东的现代主义与章太炎的对现代性的深刻批判之间、毛泽东的集体主义与章太炎由始至终由个人自由而民之自主的进程之间等本质不同，从而失却了对章太炎思想复杂性的把握，进而也失却了对中国近代复数的“革命”观的把握。所谓复数的革命观，如辛亥时期章太炎的革命观与孙文的革命观之间，甚至20世纪20年代陈独秀的革命观与20世纪30年代之间陈独秀的革命观之间，章太炎的革命观与“五四”旗手如鲁迅的革命观之间，都是有着不小的差别的。这些问题需要专文处理，在此暂存不论。

三、李泽厚对现代史的哲学思考：中国语境中的黑格尔主义的批判者及其特点

至少在历史的想象和与之相关的社会实践层面上，中国的马克思主义也许可以图示化地作如下描述：首先它表现为经济的视角和历史唯物法在中国思想中的初次导入，并以此考察社会、历史的变化；其次则表现为黑格尔主义的线性历史想象和辩证法的结合，用

① 李泽厚：《李泽厚十年集·第二卷·批判哲学的批判·我的哲学提纲》，合肥：安徽文艺出版社，1994年版，第445页。

② 干春松留意到康有为是李泽厚虽为持续重视和发生兴趣的思想史人物。见杜维明等“李泽厚与中国八十年代思想界讨论”中干春松发言，《开放时代》2011年第11期（总第233期）第20页。这一点也与李泽厚对章太炎有限的评价有关。

以想象历史的进程，线性的时间观成为统治性的时间观，主宰了我们的历史想象；再次则表现为上述思想与某些儒家伦理、政治观念（如民、公、均等）观念的结合，这也意味着传统儒家的伦理政治理念被纳入上述西学的框架中。这一问题比较复杂，不容易说清。容许进一步简单地描述中国语境中的黑格尔主义的话，它至少表现在如下方面。首先表现在对历史和社会的整体性想象上，同时也表现在目的论的进步主义式的、螺旋桨式上升的历史发展想象上。黑格尔主义式“矛盾”之“正—反—合”的辩证发展，在中国的现代史上有一段时间里它表现为不间断的阶级斗争，所谓的阶级斗争被认为是历史发展必要的推进器（吊诡的是它是由统治方主导的）。也在此意义上，20世纪五六十年代的中国成为20世纪全球意义上最大的黑格尔主义试验场。其次，线性的上升式的历史的想象主导了自“五四”以来中国对自己文化（如文字的问题等）的想象、设计和实践，这一设计和实践在20世纪五六十年代起更进一步趋于冒进。李泽厚与黑格尔主义的关系如何，是一个复杂的问题。比如说，顾昕在一本系统研究李泽厚的论著中认为李泽厚的整个框架是黑格尔主义的，其马克思自不待言，其康德亦不例外[①]。稍微温和者如单世联也曾指出，《批判哲学的批判》是自觉清理黑格尔传统的第一部正式出版物，它实际上启动了中国知识界在学术思想的层面对黑格尔主义的反省，其康德立场的高扬，其对美学视角、主体价值、生存意义的强调，既是批判黑格尔的依据，也是批判黑格尔的成果。但是，单世联也指出，李的主体包括个体感性与社会实践的双重意义（他通过“积淀”来沟通），在美学上，主体就是具体生存着的感性个体，但在本体论上，主体即是人类实践，这便与黑格尔的总体性相通，李一直没有否定黑格尔的总体必然[②]。总之，单世联认为李泽厚以康德的感性个

① 顾昕：《黑格尔主义的幽灵与中国知识分子：李泽厚与研究》，风云时代出版社，1994年版。

② 单世联：《反抗现代性：从德国到中国》，广州：广东教育出版社，1998年版，第418页。

体来平衡黑格尔主义，但是无法摆脱历史总体、必然性理论、终极目的三方面有着黑格尔主义的影响①。

笔者在此只是想指出，作为糅合康德与传统中国思想的马克思主义者，李泽厚固然表现出与黑格尔主义的复杂关系，比如李泽厚与黑格尔、马克思一样，在目的论史观上都是现代主义者。但李泽厚对黑格尔主义的批判也是明显的。李泽厚的康德哲学解释既是融合了马克思主义角度的康德解释②，他的康德解释也可以被视为其对建构在黑格尔主义之上的新中国成立后当代史的哲学角度的反省。这一态度也许可以见于下文：

> 重视个体实践，从宏观历史角度来说，也就是重视历史发展中的偶然。从黑格尔到现代某些马克思主义理论，有一种对历史发展必然性的不恰当的、近乎宿命的强调，忽视了个体、自我的自由选择并随之而来的各种偶然性的巨大历史现实和后果。……一方面应该反对在“革命的”“集体的”旗号下种种抹杀、轻视个体性的所谓马克思主义的理论；另一方面也要看到“大我”（人类总体）与“小我”（个体）之间的关系有一个极为复杂的具体历史行程。③

对于历史的重审者而言，李泽厚深明“必然性”的笃信如何在我们的现代史中制造了许多的人祸，并对这一笃信所带来的“集体”对个体的压抑予以批判。解体中国现代史中以马克思主义面目出现的黑格尔主义，这应该是李泽厚的一大贡献。这一贡献也见诸他的美学话语。比如李泽厚说：“如果从美学角度看，我以为，并不是如时下许多人所

---

① 单世联：《反抗现代性：从德国到中国》，广州：广东教育出版社，1998年版，第418～423页。

② 李泽厚在最近解释自己的思想说：“回到康德”，就是“以马克思工具本体来做康德心理本体的物质基础，而这一基础，又是以人的物质生存—生活—生命以及中国的‘太初有为’为核心和出发点的”。《开放时代》2011年第11期（总第233期），第34页（“李泽厚与中国八十年代思想界讨论”中李泽厚的书面发言）。

③ 李泽厚：《李泽厚十年集·第三卷下·现代中国思想史论》（1987年初版），合肥：安徽文艺出版社，1994年版，第202～203页。

套用的公式：康德→黑格尔→马克思，而是康德→席勒→马克思。贯穿这条线索的，是对感性的重视，不脱离感性的性能特征的塑形、陶铸和改造来谈感性与理性的统一。”由此应可窥见李泽厚在理论上也努力批判黑格尔主义。笔者以为，作为史学家的李泽厚无疑是对中国的现代史语境中的黑格尔主义进行了有效的批判的，也是“文革”后中国的黑格尔主义最早的批判者之一。要而言之，李泽厚对黑格尔的批判，更多是史学家的李泽厚从中国现代史出发对黑格尔主义的批判，同时也是美学家的李泽厚对黑格尔的批判，但却未必是西方哲学史研究者的李泽厚对黑格尔的批判，也因此，这三个李泽厚之间多少出现了某种乖离。换言之，李泽厚对黑格尔的批判，是中国语境中的黑格尔主义的批判，这一批判与其西方哲学史研究中的黑格尔虽然有着一定的重叠，但却未必是完全相同。就其哲学上的主张而言，对未来，李泽厚则对理性的乐观始终不见放弃，对历史的进步始终怀着信心。比如李泽厚曾在《批判哲学的批判》的结尾中说：“人类由必然王国迈进自由王国，即美的世界。……美的世界必将出现在我们这个伟大的星球之上。”这又显出他作为现代主义者线性时间观的一面，显然这也难以抹去李泽厚对黑格尔批判的不彻底性。另外，也因为惨痛的现代史，他对自身内部的黑格尔主义色彩，又始终有着某种自觉。或者也可以说，李泽厚不可避免的一定的黑格尔主义色彩源于其基本立场上的马克思主义者立场。作为其个人的哲学观，李泽厚则笃信理性的发展，保留了马克思中的黑格尔色彩如黑格尔式目的论史观与马克思之唯物史观的结合①。

李泽厚糅合马克思主义、康德和中国传统美学（所谓的实践美学），也可视为他对黑格尔主义的警惕，同时这也是观察其中国思想史叙述与现代新儒家之间另一个不同的重要指标。他以康德的个体和感性，批判黑格尔的总体、理性、必然，同时以康德的感性、个体和普遍性，构筑

① 比如李泽厚不同意只将马克思主义解释为人道主义或以人道主义解释马克思主义，“因为马克思主义主要是历史观，即唯物史观。……马克思主义的世界观也就是这种历史观。”《试谈马克思主义在中国》，见李泽厚：《李泽厚十年集・第三卷下・中国现代思想史论》，第 202 页。

“文化—心理结构”概念（李泽厚的“积淀说”），认为中国的美学讲究陶冶性情，哲学上就是建构心理本体①；政治上就是“由礼归仁”，周公制礼作乐，孔子将之内在化，落实为与审美相关的心理和伦理的要求②，是由文化而心理，将教化的问题与审美问题结合在一起。如此李泽厚糅合儒学等传统中国思想与马克思主义、康德哲学于一体。由此也可以看出李泽厚与现代新儒家之间如下的不同。比如说的李泽厚更着重于荀子等通经致用或偏于外王一派，而非如现代新儒家注重子思、孟子、宋明理学等心性一派③；又比如说，现代新儒家牟宗三主要以康德糅合心性一派（历史哲学上则诉诸黑格尔），冯友兰则以黑格尔重述宋明理学；又比如说，就哲学与历史性的关系而言，过于倚重德意志观念论的某些现代新儒家始终未能解决历史性的问题，成了走不出外部（社会、历史等）的形而上学体系（或可谓过于内圣而无法外王）。

今天，李泽厚的思想史体系仍然在学术圈内部维持其影响力，但已经不是一般知识青年广泛的思想读物。时代毕竟已经变化。笔者今天在此的批判，也是读着李泽厚著作成长的一个读者处身今天的事后之见，这并非在否认他的思想等在当时的重要意义，恰恰相反，这是一种笔者对历史本身的追认。李泽厚的影响，是一代史家影响一代之事，其意义不可小觑，因为这一影响必将薪火相传，而间接影响及之后一段时间（本文提及其思想史话语与两千年后小说的关联也正是着眼于这一点）。总之，“革命”已逝，在巨大的历史废墟上，李泽厚的著作在试图全方位地填补知识界和青年学子的空虚上起了重要的作用。尤其李泽厚在重构历史话语方面所起的作用，其对知识界尤其知识青年的影响，是不能忽视的。

---

① 李泽厚：《李泽厚十年集·第四卷·走我自己的路》，合肥：安徽文艺出版社，1994 年版，第 566 页。

② 李泽厚：《李泽厚近年答问录》，天津社会科学出版社，2006 年版，第 41 页。

③ 如李泽厚：《中国古代思想史论》（人民出版社，1986 年版）中，他论述的内容是孔、墨、孙老韩、荀《易》《庸》合论、秦汉儒学、庄禅、宋明理学，但是其主线却是经世致用一线，尤为荀子鸣不平。这方面也见于李泽厚与韩东育等的对谈《儒学的两条路线》，见《李泽厚近年谈访录》，第 18—34 页。该对谈强调周孔并称的原始儒家传统如何在宋儒处被新的孔孟取代。

笔者将会谈及，在现代性的怀疑上，两千年后的中国文学，至少长篇小说，显然开始与这一李泽厚模式以及 20 世纪 80 年代的文学拉开了距离。

四、从 20 世纪 80 年代文化热至 2000 年之后小说：一个审视大写的历史叙述的谱系

（一）

20 世纪 80 年代的文学先是通过新诗解构主流的文学话语（如北岛等的诗），同时与伤痕文学和伤痕文艺一起解构主流的历史叙述以及建构其上的历史认识。文学和艺术以审美的方式介入其中，此时的文学话语与李泽厚等大批知识精英的学术话语可谓是殊途同归，从而影响了人们的现实意识。而本文将要强调的是，20 世纪 80 年代思想史和文学创作所担负的“史”的使命，在 21 世纪初的长篇小说中得到了进一步地继承，但同时又显出某种断裂。在进入这一讨论之前，我们简单地回顾一下 20 世纪 80 年代以来的变化。

对于 20 世纪 80 年代的中国内地的年轻人而言，这是一个解放感与压抑感、现实与梦想、理想与虚无等紧张关系构成的时代，而这一点在这一时代的文学中清晰可见。20 世纪 80 年代文学的主流可以说是新诗与现实主义手法的“伤痕文学”（尤其在以新的语言表达解体旧的语言表达层面上，北岛等的新诗，其先锋地位不可忽视）。20 世纪 80 年代中期起则是文学新秀们在外国的现代主义文学影响之下挑战这一类的“伤痕文学”的主流地位。但是新老不同时代的作家们所共有的，却都是对明天的政治憧憬。从这个意义上说，20 世纪 80 年代的知识界尝试重新作为一个独立的阶级集结的跃跃欲试的时代，在这一过程之中，文学曲折地表述了这一新的“我们”朦朦胧胧的意识和情感。

但是，1989 年以后，中国的社会和政治都发生了巨变，这自然也反映在文学之中。首先，从社会的层面上看，20 世纪 90 年代经济改革的深化“单位”社会进一步解体。对知识分子来说“单位”是歧义的。其次，“单位”为国家、政府所提供，国家、政府为终身雇主，在经济

上为“单位”的成员提供了终身的保障。最后，也正因为如此，国家权力也很容易通过“单位”在思想上约束、控制个人的思想、表达的自由，个人也因为经济上对“单位”的依附变为思想上对“单位”背后的主流意识形态的依附（也许这是观察“文革”发生、展开的其中一个视点）。因此，从整个社会来看，“单位”体系的缩小，是以思想自由的增大和经济保障的缩小为两面的。同时，20 世纪 80 年代末之后，大学中管理型官僚主义体制的强化、大学以外市场无形之网的巨大，无不加剧了知识阶级崇高感的消退。无论如何，进入 20 世纪 90 年代以后，一个消费型的社会出现，信息进一步发达，社会趋向多元，而 20 世纪 80 年代知识分子的“我们”也慢慢不可避免地变为大众社会中的“我”。这一认同的转变也是 20 世纪 80 年代知识分子作为自我认同产生危机的一个表征。包含文学创作者在内的中国知识分子 20 世纪 80 年代以后的变化，也许可以图示化地概述为从“我们”至“我”、从集团至个人、从复数性至单数性、从精英意识至大众意识、从政治化至非政治化的一系列变化。中国的文学既被这一变化所影响，也反映了这一变化。在这个解体之后，进入 21 世纪之后，随着经济的高速增长，社会不公的进一步凸显，知识分子的“新儒家”“新左派”“自由主义”之类等集体性标签，一方面反映了知识分子重新结合的欲望，但客观上则又反映了多元化或分裂。笔者以为，在历史叙述和历史认识问题上，80 年代的李泽厚、2000 年以来的长篇小说和整个中国知识界，都获得了某种共同的接点。在此，笔者并非是说 2000 年以来的小说家受了李泽厚影响，而是认为李泽厚的思想与这些小说家的作品可以成为互相比照的镜子，以说明 20 世纪 80 年代与 2000 年以后知识分子思想史之连续和断裂。

（二）

构成 2000 年之后长篇小说作者主流的，大概可以说是 20 世纪五六十年代出生的作家。其中 20 世纪 80 年代后期出现的先锋文学作家，构成了这一主流群体中相当大的部分。在笔者留意到这一类作家其中共同的特征，那就是他（她）们都在用自己的小说直面大写的历史叙述，都试图用文学作品的历史叙述，影响人们的历史认识。

莫言的小说便呈现出这一特点。莫言近年小说扎根故乡高密的土地，透过北方农村的一隅，处理现代性与历史的问题。比如莫言的《生死疲劳》(2006 年）描写了土改期间（1949—1952 年）的高密农村。地主西门闹被描写成一个精打细算但却是心地善良的人，因土改政策被没收土地，年仅三十岁便被枪毙。但是阎魔王认为他是冤死的，容许他投胎为驴回到村里。形为驴、实为地主西门闹的“驴”回到村里后而且也以“驴”的身份作为书中人（动）物，目睹了土改后中国农村的一系列历史变化以及人性的丑陋，描写了本来出自“耕者有其田”的“土改”均富理念，如何在一系列扭曲的人性和暴力中走样。而后，西门闹在后来一系列大历史的变迁中不断地冤死后去见阎王，而又不断地被阎王依次超生为牛、猪、狗、猴子，以不同的身份不断地回到村里，整篇小说的故事以不同的动物视角展开。直至改革开放时代，西门闹才终于投胎为人。这部小说就这样从土改时代，写到“文革”，最后写到改革开放，通过主角的动（人）物的参与和视角，描写了大历史中人事的变迁，也调侃了这一大历史。这部小说，描写了以社会主义为要求的中国式现代主义的实验，以文学的手法描写了在此实验中，原本农村的血缘、地缘共同体如何在此实验中解体、变化的过程，其中国家与乡村社会的关系、国家与农民的关系、农民与土地的关系、农民与农民的关系等，通过转生的动物的视觉得到了充分展现。

莫言的《生死疲劳》尤其就“人民公社运动”（公社化运动，1958—）着墨尤多。公社化运动将本来在土改中分给农民的土地与生产手段重新收回于新成立的“公社”中，以现代的“公社”这一国家末端的机构对农民进行新的分配，其意图中也有通过农业生产集团化的方式提高土地的生产效率的目的。这一运动也意味着将经济、行政、教育、社会生活集中于“公社”这一国家在地方的组织体系，也意味着将农民通过土改获得的土地交还给国家末端组织之公社。实际上它也切断了传统上农民与土地的所有关系，将农民生活以集团化方式统合进国家体系之中。因此，在此意义上这也是史无前例的现代主义实验的一环。农业的集团化或国家化自然也否定了单干户的存在。《生死疲劳》中地主西门闹转生为驴的具体时间，被设定为 1950 年 1 月 1 日，与新中国成立的时间相去不远。以此为起点，它描写了从 1950 年土改，经公社化运动、“文革”时期，直至改革开放时期的历史。小说这一以小写的历史相对化甚至质疑大写的历史叙述。

这部小说设定了蓝脸这一逆历史潮流而动的小人物。蓝脸原为被遗弃的孤儿，后来被地主西门闹收养，长大后成为西门的佃户。新中国成立后西门闹被枪决后他与西门第二位妻子结婚，并且以贫农的身份分得土地。但是，进入公社化后，他坚决拒绝进入公社，坚持自己的单干户身份。他虽然因此受压，但是他至死坚持自己是正确的。也正是这位蓝脸在文化大革命中对大众的狂热冷眼旁观，以善良、朴素的人格特立独行，勇敢地面对文化大革命中群众的暴力。这位蓝脸可以理解为作家莫言为搅乱大写的历史叙述而设定的小人物。

（三）

处理现代史的历史叙述，也正是贯穿另一位作家阎连科作品的主题。阎连科生于河南农村，也曾参军，与莫言背景相类。阎连科的长篇小说《受活》于 2004 年发表后，旋即在大陆引起反响。他以受活庄这一虚构的舞台，以荒诞的手法重写共和国时代以来这个村庄的历史。“受活”为作家故乡河南西部的方言，“意即享乐、享受、快活、痛快淋漓。在耙耧山脉，也暗含有苦中之乐、苦中作乐之意”①。在作品中作者似乎更着意后者，因此，不无黑色幽默之意。这个村庄的命名本身，蕴含着调侃毛泽东时代乌托邦色彩的“革命”之意，也隐喻了改革开放时代追求政绩的柳县长与村人们的精神状态。这个村庄里奇特的是，不乏身体残障者，身体正常者反居少数。开篇伊始，柳县长异想天开定下一个计划，希望用重金购买列宁遗体，以发展旅游业。也就是说，这是将“革命”

① 阎连科：《阎连科文集·受活》，北京：人民日报出版社，2007 年，第 4 页。

之象征的列宁商品化。这是受活庄特有的改革开放、搞活市场经济的方案。主要由身体残障者构成的这一封闭的村庄开始走向世界。村人们在柳县长带领下计划组织两个“绝术团”，在全国巡回演出，等等。在小说的最后，柳县长决定将自己变身为残障人，到受活庄落户，与村民们同甘苦。他和村民们一起选择了“受活退社”的决定。几十年前，去过延安的村里的茅枝婆婆“我要革命了，要领着受活入社”，即是进入农村合作社。而现在，集体选择“退社”，也就意味着退出毛泽东设定的现代主义实验语境中的现代性体系。《受活》以荒诞的手法描写了村子里 1958—1960 年为追求农业工业大增产的大跃进政策，直至之后的三年“自然灾害”、再之后的“文革”、1978 年开始的改革开放、20 世纪 90 年代的改革深化的整个历史过程。阎连科的长篇小说《为人民服务》（2005 年）也同样以类似荒诞的魔幻现实主义手法穷究历史真实。

（四）

近年活跃的大多数先锋派作家大多在 20 世纪 80 年代受外国文学尤其魔幻现实主义文学的影响。但是近年来这一影响趋向内面化，而且这些小说着力于融合现代以前的小说形式（如莫言的《生死疲劳》）、并融合了地方的文化特点等被现代性压抑的文化。后者如阎连科《受活》的基调都是河南土话，很多关键的语汇是“土说法”。有论者指出，20 世纪 80 年代作为中国新的世界主义运动其小说语言难辨地方性，但是同样难辨地方性的，却还有“文革”的文学，在这一点上 20 世纪 90 年代以后的小说则与这两者迥然有别，其地方性清晰可辨①。这一容易被人忽视的事实实在是耐人寻味。锁国时代“文革”的文学语言难辨地方性，显然与“文革”是一场高度同质化、划一化（homoginization）的大众动员的运动有关（我们不难想起一个“统一步调”“统一思想”之类的说法，还有“文革”中男女差别不大、几乎雷同的服装样式和

---

① 王光东于 2011 年 11 月 24 日，于香港城市大学的演讲“新世界文学语言的地方性问题”提及这一事实。

颜色）。尽管在政治理念上“文革”主张走向农民、紧贴大众，在文艺文化政策上 20 世纪五六十年代承接了毛泽东 1942 年以来的《延安文艺座谈会上的讲话》的方针，但是在语言上我们却可以从其与地方性迥然有别的匀质性、划一性上窥见其极端现代主义的倾向。20 世纪 80 年代的文学语言固然是重新“接轨”的另类现代主义实验的结果。由是观之，20 世纪 90 年代末期以来的长篇小说语言的地方性，既是在经过被匀质性的现代性长期压抑之后的迸发，也是作家主体对现代性反思的一个结果，更是出身于乡村的作家主体的认同本身的表述①，同时似乎也可以视为对市场化这一新的匀质化之多元性宣示。

以上以莫言和阎连科为例，试图强调近年小说的一个主要倾向是通过隐喻的语言空间重审“历史”和现代性。笔者想指出的，这一类作品至少还有贾平凹的《秦腔》（2005 年），这部小说以作者故乡的陕南农村的清风街为舞台，描写了“现代”与农村之间的紧张关系，可谓是另类的现代农村的挽歌。其作品《高兴》（2007 年）则描写了梦想成为“城里人”，进城务工的现代农民工的命运。就重审历史的作品而言，余华的《兄弟》（2008 年）更是一部不可不提的作品。《兄弟》以疑似作者故乡的南方小镇为舞台，描写了其实并没有血缘关系的两兄弟李光头和宋纲。宋纲亲生父亲因为地主家庭出身而在“文革”中被活活打死，作品的时间幅度跨越群众暴力的“文革”和拜金主义的改革开放时代。作品通过兄弟两人的感情瓜葛描写了中国四十年的大历史。

五、20 世纪 80 年代文化热与 2000 之后小说：其关联与断裂

就笔者未必全面的阅读中，笔者意识到近年小说有着如下明显的共同倾向。首先，如前所述，上述作家，都有着以长篇小说重审历史、质

① 20 世纪 90 年代后，地方语言的出现与作家主体的认同有关，这一看法援引王光东于香港城市大学的演讲“新世界文学语言的地方性问题”的讲法。

疑中国的现代性的这些共同的特点。其次，就作家个人背景而言，他们都是 20 世纪五六十年代出生，而且许多人多为农村或邻近农村的小城镇出身。解构大写的历史话语，进而试图影响人们的历史认识，这显然是 20 世纪 80 年代文学的一个重要主题。在此强调的是，这也是 20 世纪 80 年代最富影响力的思想史家李泽厚与 20 世纪 80 年代文学之间的结合点。笔者在这里强调近年活跃的作家们的年龄段，是因为他们都在童年时代一定程度感受过现代史这些沉重的部分，尽管如此，他们却没有“伤痕文学”中“我们”这一复数性。相反，他是由各种不同的“我”所构成、是各种众生相中的“我”所面对的历史，因此，与匀质性大写的“历史”相比，他们所展示的历史是多元的历史，是透过登场人物历历可视、活活可感的历史。这些作品调侃大写历史的意图，是明显可见的。这些作品不仅是文学的，更是历史的，也是政治和伦理的。

另外，这些近年最新的长篇小说中对现代性的质疑，也是 20 世纪 80 年代的文学所匮乏的（这当然不是苛求，而是一种历史的描述）。如果我们将 20 世纪 80 年代李泽厚所代表的 20 世纪 80 年代知识、文学工作者对大写的历史叙述的相对化与近年长篇小说对大写历史叙述的质疑视为一个谱系的话，近年的长篇小说也是在 20 世纪 80 年代类似李泽厚这一类 20 世纪 80 年代知识界、文学界层层累积的基础之上一个新的承接。但是，另外，对现代性尤其进步主义的质疑，却也是思想史家的李泽厚所没有的。如上所述，李泽厚也是另类的现代主义者。他的现代主义态度，与中国 20 世纪 80 年代官方的以经济改革推动国家发展的思维，其实是有着相当的契合，并且持一种乐观的态度的。笔者以为，这也构成了他与刘再复的对谈集《告别革命：回望二十世纪中国》的一个思想的背景。但是，近年长篇小说解构革命话语的倾向与李泽厚告别革命、拥抱改良的政治取向之间虽然有一定的重叠，但还是有着明显的区别的。首先，始于晚清的革命与改良的二元问题，在近年小说家的视野中并不明显，小说毕竟是小说，他们的关心所在，主要还是与读者群和作家自己密切相关的历史话语和历史认识。其次，近年小说家对“革命”的态度呈现出一种对现代性本身的批判态度，而如前所述，李泽厚的“告别革命”则是一种改良中心的态度，对现代化进程的乐观，也显见其作为另类的现代主义的态度，这也冲淡了他对现代性本身的思考。也正因为如此，农村——这一现代性留下的“顽疾”——始终没有进入李泽厚的视野。由此，我们也能联想到的，是20世纪80年代的伤痕文学没有现代性批判这一事实。伤痕文学当然也留下了宝贵的历史叙述、并且影响了人们的现代史认识，是20世纪80年代解体原有的主流历史叙述、影响人们历史认识的集体工程中的一部分。但是，伤痕文学中“我控诉!”“我控诉!”的结构，客观上也吻合了将一个大历史叠好安放在书架上、准备尘封的某一若隐若现的巨大的意志。而且，20世纪80年代知识界主流对现代化的憧憬，也不可能令这一时期的作家将“文革”的悲剧视为现代性本身的问题。我们常常会碰到“文革”是如何“封建”的表述。这一类表述本身无非是缺乏现代性批判意识的现代主义者的表述。试问，个人频繁地向国家及其化身的最高领袖表达忠心的时代，难道不是一个极端现代主义的时代（如早请示晚汇报)？在我们漫长的“封建”历史中，万民又何曾与国家及其化身的最高统治者有如此直接的令人诚惶诚恐的距离？将“封建”标签贴在“文革”上，不仅将责任都划给了古人，又将解决问题的钥匙寄托在未来必然到忠实到来的“现代”上。这不仅导向了“文革”的反思的简单化，也导致了传统政治文化的简单化。日本中国史学家沟口雄三曾指出，视鸦片战争之前的中国为封建社会的史观不过是欧洲中心主义史观的产物，也是包含中国的马克思主义者在内的进步主义史观生搬硬套欧洲模式的结果①。

上面笔者强调了近年活跃的这批作家出身农村和邻近农村的小城镇这一特点。强调这一点，也是想强调，与20世纪80年代文学中城里人所看到、所经历的“农村”相比，近年长篇小说的“农村”则是被这

---

① 透过“封建”概念批判中国研究中欧洲中心主义倾向的研究，请参考日本的中国史学研究家沟口雄三（1932—2010，MizoguchiYz）《作为方法的中国》（‘方法としての中国’），东京：东京大学出版社，1989年版，第88—122页。

—“现代”压抑的“农村”。因此，这一“农村”的展示本身也就有了叩问现代性的特点。这又是 20 世纪 80 年代的文学，甚至如李泽厚先生那样的思想史叙述中没有的。近年的长篇小说的另一个共同特征是，他们在叩问“现代”“历史”时，并不单纯将问题归咎于权力者，而是同时探讨了大众暴力的问题等，构筑了一系列既是被害者又是加害者的复杂形象，并且深入这些人物的复杂内心。笔者以为，较之 20 世纪 80 年代的伤痕文学，这也是一种从“我们”至“我”之解体的表征。虽然 20 世纪 80 年代的诗歌在这一从“我们”至“我”的解体中，甚至在解构大写的历史话语中扮演了尤其重要的作用，但是，自 20 世纪 90 年代至今的新诗的迅速弱化，也反过来可以从近年长篇小说在重审大写的历史、叩问现代性方面的积极作用中得到答案。在现代史中暴力的责任问题上，大众通常被认为是受害者，但近年的长篇小说在同时深究大众一方的问题，这也与伤痕文学拉开了距离。笔者以为，近年的长篇小说在文体、语言等方面也许有待进一步创新，但是在考察历史的暴力问题上他们无疑是展示了巨大的文学、史学，甚至是政治的可能的。

（载于《文艺争鸣》2012 年第 2 期）

从“巫史传统”到“儒道互补”：中国美学的深层积淀

——以李泽厚“巫史传统说”为中心

宋 伟

中国古代文明，以“周公制礼作乐”为标志，开始了对原始巫术文化的“不完全理性化”改造过程，这一改造过程呈现出一种独特的文化演进特征：既对巫术文化进行理性化的改造，又大量残存积淀下巫术文化中的神秘感性经验。由此形塑了中国思想史上的“巫史传统”，进而衍生积淀了“儒道互补”的深层文化心理结构。儒家与道家凝聚为中国古典美学和艺术精神的两个基本维度，对后世美学思想和艺术创造发生着持续久远的影响。

一、“巫史传统”的文化深层结构

与世界其他文明发展的历史一样，在蒙昧初开的远古时代，中国原始先民的文化处于混沌未分的状态，其主要形态为“巫术文化”。伴随人类文明的历史演进发展，“巫术文化”逐渐走向衰落，不同的文化形态逐渐分化独立出来。史书所说的“周公制礼作乐”，就是对这一历史过程的记述。

但是，在中国上古时期，原始巫术文化的分化并未表现为决然的断裂，而是表现为“无往不复”的粘连性，即不完全的理性化过程，形成了独特的“巫史传统”，即巫术文化的不完全理性化过程。“巫史传统”（Shamanism rationalized）是李泽厚在探究中国文化深层结构时提出的重要概念，他将“巫史传统”视为“中国上古思想史的最大秘密”：“‘巫’的基本特质通由‘巫君合一’‘政教合一’途径，直接理性化而成为中国思想大传统的根本特色。巫的特质在中国大传统中，以理性化的形式坚固保存、延续下来，成为了解中国思想和文化的钥匙所在。”① 李泽厚指出：“中国的‘巫史传统’使中国文化中的情感与理性、宗教与科学，分割得不是很清楚。在中国，不管是孔子、孟子，还是汉代的天人合一，或是宋明理学的心性修养，既是一种信仰，是情感性的，同时又是理性的推理、论证。信仰、情感和理性思辨是糅合在一起的。中国儒家讲的‘仁’‘诚’‘德’‘精’‘慎独’，以及后来的‘孔颜乐处’，道家的‘坐忘’‘心斋’等，都残存或保留有巫术礼仪中通天人的神秘情感。”② 由于儒道两家源自于“巫史传统”，因而突出地表现出中国思想衍化形成的粘连性或不完全性。这里的问题是，如何从“巫史传统”的视角来阐释儒家、道家所建立的美学思想，以发现其思想诞生的秘密之所在。

显然，想清晰地描述这种历史演进的复杂性以探析其秘密之所在，是一件十分困难的事情。但简要地说，这是一个既“祛魅化”又“留魅化”，既“理性化”又“神秘化”，既“伦理化”又“宗教化”，既“经验化”又“超验化”，既“世间化”又“冥间化”，既“理智化”又“情感化”，既“外在化”又“内在化”，既“形式化”又“内容化”，既“新质化”又“残余化”的“无往不复”的复杂历史过程。

大致上说，以孔子为代表的儒家开辟了以“伦理化”作为“理性化”“祛魅”的重要途径，而道家则开辟了以“智性化”作为“理性化”“祛魅”的重要途径。就儒家来说，一方面，儒家将“巫魅文化”中激越迷狂的感性激情过滤分化出来，将“巫术仪式”改造成“礼制仪式”，以其“伦理化”的方式完成其行为规范的外在礼制建设，并使其内化为伦理道德诉求；另一方面，在“伦理化”的过程中，儒家又

① 李泽厚：《说巫史传统》，《己卯五说》，北京：中国电影出版社，1999年，第40页。
② 李泽厚：《该中国哲学登场了》，上海：上海译文出版社，2011年，第6页。

大量保留了“巫术仪式”中“兴感情志”的内在情感体验，试图通过“感发情志”的内在心理诉求建构道德理想的人性结构。由此而完成儒学的“礼乐文化”传统。就道家来说，一方面，道家将“巫魅文化”中卜筮预测、观象直觉、数算推演等智性要素过滤分化出来，将“巫术思维”改造成“体道思维”，以其“智性化”的方式创造了一种“反者道之动”的深邃辩证哲学智慧；另一方面，在“智性化”的过程中，道家又保留了“巫术文化”中神秘莫测的“天人感应”方式，使这种方式一直以“感悟”“妙悟”“顿悟”“体悟”等艺术直觉形态得以延续至今。由此而完成“天人合一、物我合一”的“体道思维”传统。

在此，以李泽厚的分析为基准，将这一“巫史传统”的理性化过程大致描述为以下几方面的内容：第一，从“巫术仪式”中衍化出“礼制、礼仪”，建立了以实用理性为行为范导的“礼仪”制度。“德、巫、礼本紧密相连。《礼记·祭统》：‘礼有五经，莫重于祭。’‘礼’首先是从原巫术祭祀活动而来，但经由历史，它已繁衍为对有关重要行为、活动、语言等一整套的细密规范。……‘祭’作为巫术礼仪，使社会的、政治的、伦理的一切秩序得到了明确的等差安排。……这种区分严格呈现在祭祀的仪式、姿态、容貌、服饰等具体形式规范上，这也就是所谓的‘礼数’。”[①] 第二，从“巫术崇拜”中衍化出“仁、德、孝、悌”“天、地、君、亲、师”，建构了以“仁学”为核心的儒家伦理道德信仰体系。“‘德’是由巫的神奇魔力和循行‘巫术礼仪’规范等含义，逐渐转化成君王行为、品格的含义，最终才变为个体心性道德的含义。”[②] 第三，从“巫术表演”中衍化出“诗、乐、舞”，塑造出“重文尚艺”的“礼乐”文化传统。“我们所说的华夏美学的特征和矛盾主要不在模拟是否真实，反映是否正确，即不是美与真的问题，而在情感的形式（艺术）与伦理教化的要求（政治）的矛盾或统一即美与善的问题，是以这种‘礼乐传统’为其历史背景的，它实际正是‘羊

① 李泽厚：《说巫史传统》，《己卯五说》，北京：中国电影出版社，1999年，第55页。
② 李泽厚：《说巫史传统》，《己卯五说》，北京：中国电影出版社，1999年，第52页。

人为美’与‘羊大则美’问题的延续，这样才能估计这个矛盾的久远性和深刻性，即它涉及这个民族的文化心理结构及特征问题。”① 第四，从“巫术符号”中衍化出“史志记事”，形成了“诗言志”“文载道”等艺术理念。“《礼记·礼运》说：‘王前巫而后史。’……即将‘史’视作继‘巫’之后进行卜筮祭祀活动以服务于王的总职称。……总之，一方面，‘史’即是‘巫’，是‘巫’的承续，‘祝史巫史皆巫也，而史亦巫也’；另一方面，‘史’毕竟是‘巫’的理性化的新阶段。”② 因而，“‘诗’大概最初就是巫师口中念念有词的咒语，与祭神活动密切相关。其后才逐渐演化为对祖先的事功业绩、本氏族的奇迹历史、军事征伐的胜利、祭祀典礼的仪容等的记载、歌颂和传播。这大概是‘志’的最初含义。这种‘志’当然与政治紧密难分”③。第五，从“巫术操演”中衍化出“以技进道”“出神入化”的艺术技艺的“化境”；“‘巫术礼仪’是极为复杂的整套行为、容貌、姿态和语言，其中包括一系列繁细动作和高难技巧。……巫术操作的这个方面后来发展为各种方术、技艺、医药等专门之学。”④ 第六，从“巫术感应”中衍化出神人合一、天人合一、情景合一、形神合一等哲学观念，“‘天人合一’的本源，我以为，起于远古巫师的通神灵，接祖先。……这一来自巫术活动的观念，经由礼仪制度的理性化，奠定了此后几千年‘人道即天道，天道即人道’，以天帝、鬼神、自然与人际交互制约、和谐共处为准则的中国宗教—哲学的基本框架。这也就是‘天人合一’的真实源头。儒、道两家许多基本范畴、观念，是将这巫术礼仪中‘天人合一’的原始观念直接人文化和理性化的结果。”⑤ 由此创生出“天地境界”——“天人合一、物我合一、情景交融”的中国艺术哲学精神。

应该注意的是，李泽厚描述“巫史传统”的重心始终在其“理性

① 李泽厚：《美的历程·华夏美学》，合肥：安徽文艺出版社，1994 年，第 245 页。
② 李泽厚：《说巫史传统》，《己卯五说》，北京：中国电影出版社，1999 年，第 48 页。
③ 李泽厚：《美的历程·华夏美学》，合肥：安徽文艺出版社，1994 年，第 240 页。
④ 李泽厚：《说巫史传统》，《己卯五说》，北京：中国电影出版社，1999 年，第 41 页。
⑤ 李泽厚：《说自然人化》，《己卯五说》，北京：中国电影出版社，1999 年，第 130 页。

化”的过程，因而并未过多地关注其理性化的不完全性或粘连性，以及由此带给中国文化的负面消极影响，给人的印象往往是正面肯定的描述较多，而对其负面消极影响的论述一直不够明确和突出。这不能不说是“巫史传统说”所存在的缺欠与不足。显而易见，“巫史传统说”是李泽厚“积淀说”理论在思想史研究上的具体应用或展开，因而，进一步地说，“巫史传统说”的缺欠与不足实质上也就是“积淀说”理论所存在的问题。

其实，关于“巫史传统说”或“积淀说”的缺欠与不足，早在 20 世纪 80 年代就已经有人提出了质疑。笔者也曾对李泽厚“积淀说”的保留性、保守性或残留性提出过质疑，指出“积淀说”忽视了“超前”“超越”“超验”的问题：“结构的‘积淀’固然是哲学和美学的重要课题。然而，作为前趋性导向功能的审美‘超前’，也应该是哲学和美学所要加以研究的重要课题，审美超前以其前趋的导向性功能特征，以其指向‘未来’的时间性向，有别于结构的相对稳态的积淀，有别于积淀只着眼于‘过去’给定的时间性向，它体现着人类主体前趋的走势，体现着美的历程永远朝着未来的方向。”① 在这些质疑声中，当代学者刘小枫最为深刻和有力。在刘小枫看来，“积淀说”实质上是一种盲目崇信“历史理性”的“历史文化心理学”或“文化人类学”，这种学说盲目自信地宣称：“每一个民族都有自己文化心理的历史结构。生活的体验形式和生命形式不可避免地受制于自己民族的文化心理的历史建构和文化传统的塑造，要摆脱它们是不可能的。生命的价值意义只能从历史决定的文化心理结构中提取，历史建构的文化心理结构具有人类学理性的不可抗拒性。……如果真是这样，人类学历史理性对人类中的某一部分人或民族就过于残酷了。谁给予用人类学历史理性装扮起来的无常以这种不容反抗的权利？人类学历史理性凭什么有至高无上的权力任意支配受苦的生灵？谁允许它这样做？如果真是这样，人类的价值意向有什么意义？人的精神的价值超越性又有什么意义？……文化史表

① 宋伟：《超前反映与艺术审美的超前功能》，《文史哲》1986 年第 6 期。

明，文化传统的链条不是由必然连续性，而是由带来生机的断层构成的。……在偶然的历史嬗变中，文化并非没有带来一点精神的生机，并非没有清扫一下心理结构的‘积淀’。”[①] 从某种意义上说，《拯救与逍遥》以西方基督教超验价值追问为参照，对中国道德——审美主义“逍遥”传统展开批判，其中最主要的潜在批判对象就是李泽厚的“积淀说”。对此，李泽厚许久没有回应，但后来他坦言承认，刘小枫从基督教哲学角度出发所提出的质疑构成了对自己观点的重要挑战。[②]

显然，如何对“巫史传统”进行价值评判，不仅仅是一个关乎中国古代思想史的问题，同时也是一个关乎中国文化思想变迁的当代问题。因为，从现代性视域看当代学人对李泽厚的质疑批判，都可以归结为“中国现代性问题”，其核心依然是如何解决现代化所造成的“工具理性与价值理性”的价值危机问题，亦即“现代命运下人的自由如何可能”的时代议题。其中关涉中国与西方、传统与现代等一系列现代性议题。关于这一点，李泽厚说：“一般来说，许多表层结构已随时间而消逝或动摇，但积淀在深层结构层次的那些东西却常常顽强地保存下来，其中既有适用和有益于现代生活的方面，也有阻碍现代生活的方面：今天对此无意识加以意识，搞清它的来龙去脉，正是认识儒学的真正面目，以卜测未来的重要途径。”[③] 这也就是说，无论传统的积淀多么深厚，都不能不面对现代性的挑战。因此，如何对待传统，对传统进行怎样的价值评判，就成为重要的时代议题。只不过，刘小枫以西方神学为参照，走上一条绝对主义的超验之路，试图在西方宗教中寻求“终极价值”的解决方案，而李泽厚以中国儒学为资源，走的是一条实用理性的经验之路，试图在中国儒道传统中寻求“乐感文化”的解决之道。也正是在此意义上，一向自持的李泽厚坦言刘小枫的质疑对自己构成重

① 刘小枫：《拯救与逍遥》（修订本），上海：华东师范大学出版社，2011 年，第 25 ~ 28 页。

② 李泽厚：《该中国哲学登场了》，上海：上海译文出版社，2011 年，第 99 页。

③ 李泽厚：《初拟儒学深层结构说》，《己卯五说》，北京：中国电影出版社，1999 年，第 181 页。

要的挑战。因为，解决现代价值危机，无法回避宗教或准宗教意义上的终极价值追问，这不能不说是中国文化传统所缺失的重要维度。

也正是为了回应刘小枫等青年学者所提出的一系列质疑，李泽厚后来特别就美学与宗教问题做了一个“关于‘美育代宗教’的问答”，并论及了“巫史传统”的一些不足之处。李泽厚在解释中国文化为何缺少西方宗教肉身苦痛及其终极拯救的问题时，认为“它与中国文明‘早熟’性的‘巫史传统’有关，即‘巫’的早熟性的理性化，将原始巫术和宗教所共有的许多来自动物性的迷狂、自虐、恐惧等因素排除、溶解了”。在他看来，正是这种“早熟性的理性化”致使中国文化缺少西方“畏”或“畏天道”的终极价值关怀或超验无限体验，因此，从宗教信仰或宗教哲学的角度说，李泽厚认为应该强调“畏的重要性”，而“今天强调‘畏天道’，就是强调要进一步突破中国传统积淀在人心中的‘自圣’因素，克服由巫史传统所产生的‘乐感文化’‘实用理性’的先天弱点，打破旧的积淀，承认烦惑、惶恐于人的渺小、有限、缺失甚至罪恶，以追求包含着紧张、悲苦、痛楚在内的新的动态型的崇高境界，使‘悦志悦神’不停留在传统的‘乐陶陶’‘大团圆’的心灵状态中，而有更高更险的攀升：使中国人的体验不止于人间，而求更高的超越；使人在无垠宇宙和广袤自然面前的卑屈，可以相当于基督教徒的面向上帝”①。在此，应该说李泽厚对“巫术传统”所积淀的文化心理结构进行了批判性的反思，并指出其存在的负面消极影响。也就是说，“巫史传统”之所以是中国上古思想史的最大秘密并成为破解其秘密的钥匙所在，不单是“理性化”的问题，而是“早熟性理性化”或“不完全理性化”的问题，即“早熟而又不成熟”的理性化问题——巫术文化在其分化演进中所表现出的粘连性或不完全性。

问题的复杂性在于，“积淀说”或“巫史传统说”不仅是中国思想史的重大秘密，同时也是中国思想史的最大难题。与西方文明历程相

① 李泽厚：《关于“美育代宗教”答问·哲学纲要》，北京：北京大学出版社，2011年，第374～375页。

比，或者站在现代进化主义的立场上看，这种复杂的文化演进积淀，无疑是十分奇特的文明现象。它“无平而不陂，无往而不复”，进化革新中总是要以“循环往复”“抱残守缺”“拖泥带水”的方式来进行，似乎在行进中无法弃置历史的遗产，放下历史的包袱，而只能积淀或残存大量的历史剩余物。相对而言，西方文明则更为突出地表现为新与旧的对抗冲突。在历史演进过程中，西方世界缺少更多的留恋、更多的节制、更多的保留，新的东西无所顾忌、毫无情面地删除吞噬掉旧的沉积，不断清扫掉历史的剩余物或残存物。尤其是在现代进步主义历史观的影响下，西方文明极度崇信历史前行进步的巨大威力，以至于不惜借助“恶的力量”来实现其一往无前的进步诉求，而这种历史进步所付出的巨大代价确实也造成了一系列灾难性的后果。因此，如何面对或评价这“历史剩余物”“历史残留物”或“历史的积淀”？这恐怕就不仅仅是中国上古思想史最大秘密之所在，同时也是中西方现代思想史最大秘密之所在。“从而，以‘一个世界’为根基，以‘乐感文化’、‘实用理性’为特色的华夏文化心理结构，那种种重感性存在、重人际关系、重整体秩序等情感取向、思维趋势，在今后是将走向逐渐泯灭、废弃，还是保存和开展呢？这便是问题所在。”① 然而，“剩余、残留或积淀”是好是坏？是对是错？是福是祸？目前依然难以评说。在这里，我们不得不又一次面临“历史的二律背反”难题。从文化和艺术层面看，是留恋、保存、积淀？“无往不复”的循环往复式的历史行进？还是断裂、革新、超前？“义无反顾”的历史进步主义的前行？是革命？还是告别革命，循序渐进地改良？是抱残守缺？还是革故鼎新，义无反顾地革新？这些无疑都是我们必须面对的时代难题。

从“巫史传统”的角度看，解决这一复杂历史难题的关键就在于中和协调的“度”的把握，由此形成华夏民族的“中国智慧”。这便是李泽厚所强调的“度”的哲学或艺术。也正是在此一“度”的把握中，形成了中国独特的“执两用中”的文化思想方式：儒家的“中庸之道”

① 李泽厚：《说巫史传统》，《己卯五说》，北京：中国电影出版社，1999年，第66页。

以及道家的“辩证思维”。显然，这种“巫史传统”，这种历史的积淀物或剩余物，不仅构成了儒道两家的文化思想传统，还形塑了华夏民族的文化心理结构，形成了中国古代所特有的思想方式、言说方式、行为方式和体验方式，并构成了中国古典的艺术精神和美学理论的本源性思想资源。

二、“儒道互补”的古典艺术精神

先秦时期，中国逐步完成文化“由巫而史”的“不完全理性化”过程，由此确立了“轴心时代”意义上的中国文化传统，建构起华夏民族的文化心理结构，对后世的文化及艺术产生了持久而深远的影响。正是在这一时期，涌现出一大批思想家，形成了各种思想流派，造就出“百家争鸣”的思想局面。先秦诸子在阐述其思想时，都从不同层面、不同角度出发，对艺术或美学问题进行了理性化的反思或建构，形成了不同的“艺术观”和“美学观”，从此奠定了中国古典艺术学的最初形态和基本范式。其中，影响最大的当属以孔子为代表的“儒家艺术观”和以老庄为代表的“道家艺术观”。

孔子以周公“制礼作乐”为理想范本，试图在他所处的“礼崩乐坏”的时代，恢复建立“礼乐文化”传统，并对其进行了较为完整的理论化梳理和阐述，由此建立起儒家的“仁学”学说。儒家学说最大的特点在于，十分关注社会人伦道德秩序的建立，致力于解决人与人、个人与他人、人与社会之间存在的矛盾冲突。“礼”是在人与人的社会交往中形成的行为规范或规则；“仁”也就是两个人或多个人的意思，“仁者爱人”则希望通过“礼乐教化”实现伦常有序的“仁爱”和谐社会。因此，如何培养伦理道德的人格，也就成为儒家学说和教育的核心内容，人们因此也称儒学为“立人或成人”的学说。孔子《论语》中说：“文之以礼乐，亦可以为成人矣。”问题是“礼乐如何成人”？这是理解儒学的关键。孔子“成人”学说的独到之处在于，如何将外在强制的社会道德规范（礼）与内在欲求的个人心性情感（乐）相统一起来，塑造一种“合情合理”“礼乐和合”的理想人格和社会。这一点，在战国时期的儒家经典、中国最早的音乐艺术理论著作《礼记・乐记》中有明确的阐释：“乐由中出，礼自外作。……乐也者，情之不可变者也；礼也者，理之不可易也。乐统同，礼辨异，礼乐之说，管乎人情矣。”正如“从里到外、里外结合”一样，这里也需要“礼乐和合”。这样，作为诉诸个体情感欲求的“乐”（艺术），就成为“立人、成人”——培养伦理道德人格的重要基础和手段。因此，孔子以培养理想道德人格（立人、成人）为旨归，以“礼乐文化”为途径，建立起儒家的艺术学思想或理论。

结合上述理解，可以将儒家艺术观概括为以下几点：第一，注重艺术的群治社会功能。孔子说：“诗可以兴，可以观，可以群，可以怨。迩之事父，远之事君，多识于鸟兽草木之名。”“兴”是兴发或激发人的情感意志，朱熹注为“感发意志”；“观”是指观察世界，认识社会，如郑玄注：“观风俗之盛衰”；“群”是指融通交往社会群体，如孔安国注：“群居相切磋”；“怨”是指抒发怨愤，批评社会，如孔安国注：“怨刺上政。”其中，“群怨”和“事父事君”都强调艺术的群治社会功能。这种理念在后来的《礼记・乐记》中阐发得更为系统：“审乐知政”“乐与政通”“礼乐刑政，其极一也，所以同民心而出治道也”。儒家注重艺术群治的社会功能对中国艺术产生了极为深远的影响，形成了“文以载道”的艺术思想传统。第二，注重艺术的伦理教化功能。儒家希望建立稳定的社会秩序，但不主张运用强制性刑法来维持，而是希望通过人伦道德的塑造来实现，而人伦道德塑造则离不开艺术教化的方式和途径。孔子说：“兴于诗，立于礼，成于乐。”又说：“志于道，据于德，依于仁，游于艺。”这里，艺术的审美教化始终贯穿“道、德、仁、礼”的塑造过程。将“兴于诗”置于人伦道德教化的开端，重在发挥艺术感发情志的功能，正所谓“发乎情而止乎礼”。而将“成于乐”“游于艺”置于“成人”的终端和结果，则表达了只有融合艺术化、审美化、内在化、感性化的“礼乐”境界才是人格与社会“尽善尽美”的理想。之后，汉代的《毛诗序》进一步发展了这一思想，要求诗或艺术发挥“经夫妇，成孝敬，厚人伦，美教化，移风俗”的伦理教化功能，形成中国艺术和美学重道德伦理教化的坚固传统。第三，推崇“中和之美”的艺术辩证法原则。“中和之美”是建立在“中庸之道”的儒家哲学伦理学基础之上而提出的艺术审美原则，体现出“极高明而道中庸”的中国文化精神和中国艺术精神，同时也成为汉民族处世为人的行为方式和基本原则。孔子在《论语》中说：“中庸之为德也，其至矣乎！”“中庸”就是“执两用中”“和合两端”“不偏不倚”“中正和平”，将这种“度”的思想方式、道德原则和行为准则推及到艺术审美领域，就是“中和之美”的艺术辩证法。如，“乐而不淫，哀而不伤”（《论语》）、“喜怒哀乐之未发谓之中，发而皆中节谓之和。中也者，天下之大本也；和也者，天下之达道也。致中和，天地位焉，万物育焉。”（《礼记·中庸》）

关于“儒道互补”，李泽厚认为：“‘儒道互补’，之所以能互补，是因为二者虽异出却同源，有基本的共同因素而可以相连接相渗透，相互推移和补足。所谓‘同源’，即同出于原始的‘巫术礼仪’。……如果说儒家着重保存和理性化的是原巫术礼仪中的外在仪文方面和人性情感方面，《老子》道家则保存和理性化了原巫术礼仪中与认知相关的智慧方面。……‘惚兮恍兮，其中有象；恍兮惚兮，其中有物’；‘窈兮冥兮，其中有精，其精甚真，其中有信’，等等。所有这些，闪烁出的正是神秘的巫术礼仪的原始面貌。”[①] 道家思想的核心概念是“道”。老子说：“有物混成，先天地生。寂兮寥兮，独立不改，周行而不殆，可以为天下母。吾不知其名，强字之曰‘道’。”“道生一，一生二，二生三，三生万物。”（《老子》）“道”是世间万物生成生长的本源，是宇宙大化运行的律动之源。“道”生万物，艺术与美自然也由道而生，由此形成独特的道家艺术审美观念。

---

① 李泽厚：《初拟儒学深层结构说》，《己卯五说》，北京：中国电影出版社，1999 年，第 182 页。

大致上看，道家艺术观可概括为以下几点：第一，主张艺术“自然无为”的无功利性。如果说，儒家注重从人与社会的关系出发，以积极有为的入世精神探寻人伦道德和谐有序的理想社会。那么，道家则注重从人与自然的关系出发，以无为的出世精神追求顺任自然天性的逍遥人生。道家认为宇宙大化的根本法则或神秘本源在于“道”，天道自然，非人力、人为、人道所能企及。因而，人应该“辅万物之自然而不敢为”，不为利害得失而操心劳苦，以达致“顺任自然”“安之若素”“泰然处之”的境界。老子说：“大道废，有仁义；智慧出，有大伪。”（《老子》）直接反对儒家建立人伦道德的人间事业，视人工所事为违逆自然天道的“伪”，主张“无为而治”或“无为而无不为”。以这样的观点看艺术，艺术就必须去除人工“伪饰”，去除人为的“目的”，这也就从根本上取消了艺术道德教化的政治功利诉求。第二，追求“法天贵真”的素朴之美。在道家看来，天道自然既是宇宙大化之运行律动，又是天地大美之自然显现。“天地有大美而不言，四时有明法而不议，万物有成理而不说。圣人者，原天地之美而达万物之理，是故至人无为，大圣不作，观于天地之谓也。”（《庄子》）天地之美也就是大道之美，而大道之运行乃自然天成、无为而为。因此，“夫虚静恬淡，寂寞无为者，万物之本也。……素朴而天下莫能与之争美。”（《庄子》）这自然就规定了艺术要“见素抱朴”“返璞归真”“法天贵真”，以不假人工人为的天然之美为至高境界，由此形成“天然去雕饰”的中国艺术精神。第三，“心斋坐忘”的艺术体悟论。天道虽神秘莫测、不可名状，但仍需与人道沟通，需人去“体道、悟道”，以达到“与道冥合”“天人合一”的境界。由于“大道”具有超验神秘性，因而仅凭一般的感觉经验或理性认知，无法进入“众妙之门”，难以认识其奥妙，这就要求人只能以神秘直觉的方式“体悟大道”，即庄子所说的“以神遇而不以目视”。“心斋坐忘”是庄子提出的艺术体悟方法，庄子说：“唯道集虚，虚者，心斋也。”“堕肢体，黜聪明，离形去知，同于大通（道），此谓坐忘。”这虽有些神秘色彩，但所描述的是人进入“致虚守静”“忘我凝神”

“心与道冥”的心理体悟状态。这种体悟大道的方式与艺术直觉顿悟紧密相关，同时它也更与“绝地通天”的巫术感应的历史经验紧密相连。第四，“得意忘言”的艺术语言论。老子说：“道可道，非常道。名可名，非常名。”大道神秘莫测，“惚兮恍兮、窈兮冥兮”，不可名状，不可言传，正所谓“大音希声”“大象无形”。但人们总是试图言传之、名状之，这就引出了“言与意”的问题。在道家看来，道不可言传名状，因此，“言不能尽意”，须“得意而忘言”。正所谓“状难写之景如在目前，含不尽之意见于言外”。道家的言意论，对中国艺术所追求的含蓄蕴藉的写意精神产生了深远的影响。第五，“道进乎技”的艺术技艺论。显然，对道家哲学来说，语言、形象、艺术、技巧都是人们体道、悟道的途径或工具，它们虽然无法最终把握到那“众妙之门”的“道”，但毕竟行走在“道”的路途上，更何况，“道”的本义即指人行走在路上。也就是说，道虽然具有超验的形而上性质，但总需通过形而下的路途、路径或方法、工具，趋近抵达——达道。庄子十分看重“技”体悟或把握“道”的作用，并提出“道也，进乎技也”。值得注意的是，庄子注重“道”与“技”“道”与“艺”的关系，“通于天地者德也，行于万物者道也，上治人者事也，能有所艺者技也。”（《庄子》）在这里，天地之德、万物之道、人间之事和艺能之技，递进相连在一起。技艺虽处于最基底，但它是沟通“天地人”的基础和手段。庄子还喜欢举能工巧匠的例子，以“技艺寓言”的方式来阐述“体道、悟道”。“解衣般礴”中的画家、“削木为鐻”中的木雕家，“痀偻承蜩”中的捕蝉者，“庖丁解牛”中的屠夫，都禀赋鬼斧神工的高超技艺，达到“游刃有余”“出神入化”的“以技进道，技进乎道，道进乎技”的至境。显然，在通达“道”的路途上，技艺的至境即是艺术的至境，而艺术的至境也就是技艺的至境。但是，由于“道进乎技”源自于“巫史传统”，始终具有巫术操演的神秘体悟色彩，而难以发展为西方“工具理性”意义上的技术，它不是“技术”而是“技艺”，因而也就是“艺术”本身。

在“巫史传统”的文化演进中，儒道哲学构成中国文化和艺术精神的两大主流思想，建构起“儒道互补”的文化心理结构，积淀为汉民族的文化心理原型，对中国古代艺术学理论的后世发展影响源远流长。从某种意义上说，后继发展的古典艺术学或美学思想基本上渊源于儒道两家，难以出其左右，而“儒道互补”，只有在“巫史传统”的同源衍化中，才可能找到破解其奥秘的锁钥。

（载于《社会科学辑刊》2012 年第 5 期）

《哥伦比亚二十世纪哲学指南》中的李泽厚

贾晋华

由著名哲学家 Constantin V. Boundas 主编的《哥伦比亚二十世纪哲学指南》(*Columbia Companion to Twentieth - Century Philosophy*) 于 2007 年由哥伦比亚大学出版社出版，是一部面向哲学研究者和研究生的权威性著作。此书是第一部全面覆盖 20 世纪哲学的指南，各主题论文的撰写者皆为其领域的杰出专家，出版以来深受好评并产生重大影响，被称为“为一个极其重要的世纪的哲学史提供了珍贵无比的评述和全景视角”。全书分为三大部分，第一部分评述分析哲学（Twentieth - Century Analytic Philosophy），第二部分评述大陆哲学（Twentieth - Century Continental Philosophy），第三部分评述非西方哲学（Non - Western Philosophies in the Twentieth - Century），包括印度、中国、日本和非洲哲学。

中国哲学的论文由著名汉学家安乐哲（Roger T. Ames）撰写。[①] 他在论文开端提出区分“在中国的哲学”（philosophy in China）和“中国哲学”（Chinese philosophy）两者的必要性。前者指的是英国和欧洲的分析哲学和大陆哲学在中国的翻版，后者指的是中国本土的哲学思想传统。而在“中国哲学”中，又需要进一步区分中国哲学经典的阐释传统（the commentarial history of Chinese philosophy）和中国哲学本身两者。安乐哲认为，20 世纪以来，一批重要的核心中国哲学家通过有意

① Roger T. Ames, “Chinese Philosophy,” in Constantin V. Boundas ed. , *Columbia Companion to Twentieth - Century Philosophy* (New York: Columbia University Press, 2007), 661 - 74.

地吸收西方经典，特别是德国唯心主义和马克思主义哲学，在有关中国传统的思维和著作中形成了他们自己的哲学思想。这些具有创新性的“比较”哲学家运用西方哲学作为资源，将中国传统本身哲学化。安乐哲所介绍评述的中国哲学，主要涵括的就是这一批中国哲学家。

安乐哲将这一批核心中国哲学家分为两类，第一类是“新儒家”（the new Confucians），包括梁漱溟（1893—1988 年）、熊十力（1885—1968 年）、牟宗三（1909—1995 年）、唐君毅（1909—1978 年）、冯友兰（1889—1990 年）、钱穆（1895—1991 年）、徐复观（1904—1982 年）共七人。第二类中国哲学家是“马克思主义的改革者”（the transformation of Marxism），先用一小段文字评介毛泽东，接着以整整两页文字评述李泽厚，在全文所介绍的九位中国哲学家中所用篇幅最长，可见作者对李泽厚的突出重视。

安乐哲将李泽厚称为“康德学者”，指出他是“当代中国最著名的社会批评家之一”。他赞同庄爱莲（Woei Lien Chong）的观点，认为李泽厚对于康德的评论是他拒绝毛泽东的唯意志论（Maoist voluntarism）的一个整体的基本成分。毛泽东的唯意志论并不是新东西，而是产生自人类的自我实现依赖于道德意志的改造力量的儒家传统观念，并持续地与这一观念相一致。在李泽厚看来，对于道德意志的无限信任，及这一信仰在毛主义的中国被转换成由思想意识而驱动的群众运动，这些造成了中国从西方殖民化到大跃进和文化大革命的当代危机。①

安乐哲指出，自古至今的中国哲学家都强调天人合一，亦即人类存在和自然环境的持续不断的融合，但是这种融合经常被误解为对自然科学的削弱。李泽厚认为人类自由的前提是在主体和客体之间建立一种创造性的关系，既尊重人类群体创造性改造环境的能力，也承认自然界对人类改造的抵抗。在李泽厚看来，康德所面对的问题和当代中国知识分子是相似的。对于马克思主义的中国，“决定论的”科学进步及其政治

---

① Woei Lien Chong, “Mankind and Nature in Chinese Thought: Li Zehou on the Traditional Roots of Maoist Voluntarism,” *China Information* 11. 2 – 3 (1996), 138 – 75.

体现和极权社会主义如何能够与人类自由相调和？对于康德的世界，机械论的牛顿科学、教会信条及莱布尼兹的理性主义如何能够与卢梭的人文主义相调和？康德乐观地宣称科学的形式和范畴并非独立于人类而存在，而是构成人类思想的活跃结构。这一思想的先验结构综合我们的体验而构成我们的科学认知的世界。因此，科学认知不但远非与人类自由的可能性相矛盾，而且是人类自由的一种表达。李泽厚从康德那里汲取了这一人类认知范畴的观念，但通过将其历史化和特殊化而使之“中国化”。传统上中国已经强调心的活跃状态和知识的“本体”力量，李泽厚将这一观念扩展为“积淀”理论，说明人类文化心理结构的共时性、历时性和进化性。人类认识的构成不是先验的而是不断发展的，这一共享的人类体验的作用具有历史和文化的特定性。人类改造了各种环境，而被改造过的环境形成了他们认知的范畴。

安乐哲进一步援引庄爱莲和 Jane Cauvel 的研究而评述李泽厚的积淀理论。① 积淀是社会记忆的积累，正是通过这种积累每一个体被社会化和文明化。积淀开始于人类对工具的设计和制造，逐渐发展于特定的地域和体验。李泽厚强调中国学者必须通过考察他们自己的传统资源而形成中国的远景，他的艺术哲学中描述了积淀的三个层次。

安乐哲认为，与康德一样，李泽厚以其积淀理论调和科学和人类自由，但同时又从中国的视角反对康德的心灵形而上学。李泽厚早期对康德的研究后来促成他转向与儒家传统的潜在前提相一致的中国哲学，目标为释放中国龙，为它注入继续发展的新活力。在李泽厚那里，康德式的范畴并非提供一个发现普世原则的基础，而是成为阐发和尊重文化差异的动态过程。

虽然安乐哲在此篇评介中国哲学的论文中为李泽厚提供了最长的篇幅，给予了最重要的位置，但两页的篇幅毕竟有限，李泽厚哲学思想中的许多重要命题在此文中仍然未能涉及。此外，由于此书的目标是20

---

① 庄爱莲的研究同注2；Jane Cauvel，“The Transformative Power of Art：Li Zehou's Aesthetic Theory，” *Philosophy East and West* 49.2（1999）：150－73.

世纪哲学，李泽厚在21世纪第一个十年的思想高峰期中的大量重要哲学观念也未能进入此文的评述范围。其后出版于2010年的《诺顿理论和批评选集》（*Norton Anthology of Theory and Criticism*），[①] 对李泽厚哲学思想有更为详细的评介，但侧重于他的美学思想，并同样主要涉及20世纪。[②] 我们期待更为全面细致地评述介绍李泽厚哲学思想的论著出现。

（载于《东吴学术》2013年第6期）

---

① Vincent B. Leitch, ed., *Norton Anthology of Theory and Criticism* (New York & London: W. W. Norton & Company, 2010).

② 参看贾晋华，“走进世界的李泽厚”，《读书》2010年第11期，第121～125页。

《诺顿理论和批评选集》“李泽厚”条①

Vincent B. Leitch

余春丽　译

李泽厚是当代中国学术界的一个奇观。在中国的新时期（1977—1989），即毛泽东去世之后的改革开放时期，李泽厚在哲学和美学方面的著作以及他对中国文化和社会的观察吸引了整整一代知识分子。他所发展的精致复杂、范围宽广的美学理论持续地受到关注，尤其是其关于“原始积淀”的独创论述。

李泽厚出生于中国武汉，1950—1954 年就读于北京大学哲学系。毕业之后，他进入中国社会科学院哲学研究所工作。1956 年，在那场吸引了中国学术界的美学问题大论战中，他批评了中国哲学界和美学界的领军人物，提出了自己的观点，因而一举成名。和所有的中国知识分子一样，他的事业因文化大革命期间（1966—1976）的社会动乱和政治迫害而一度停止。但随着《美学论集》和《批判哲学的批判：康德述评》在 1979 年的出版，他重新获得了全国性的声誉。在接下来的十年，那个反传统、“文化热”风行、最后以 1989 年为结束的时代，李泽厚被尊奉为“青年的导师”，在全中国知识分子中声名卓著，足可与雷蒙德·威廉斯（Raymond Williams）在英国、让 - 保罗·萨特（Jean - Paul Sartre）在法国的声誉相媲美。尽管他并没有直接参与天安门事件，他的著作却被禁止。1991 年他被允许出国，随后移民美国并定居至今。

① 本文译自 Vincent B. Leitch, ed., *Norton Anthology of Theory and Criticism* (New York & London: W. W. Norton & Company, 2010), pp. 1744 - 47.

他在很多学术机构担任过学术职位，包括美国科罗拉多学院、密歇根大学、威斯康星大学、斯沃斯莫尔学院、科罗拉多大学博尔德分校和德国图宾根大学。另外，他还是巴黎国际哲学院的院士。

李泽厚在融合东西方众多思想传统的基础上构建了他的哲学和美学体系，而其著作的最深根基则是康德、马克思（他将之与马克思主义区别开来）及传统中国思想。他提出了一系列有关主体性、人类知识及美学的崭新论述，不仅将马克思和康德联系在一起，还通过与传统中国思想的贯通而对这两位思想家做出了独到的再阐释。康德认为人类知识产生于感性和知性的相互作用。当人类的感觉通过时间和空间的先验直觉整理感性材料时，知性则根据多数、统一、实体、因果等先验范畴在一个更高的层次上建构了认知经验。对康德来说，我们永远不可能认识“物自体”。李泽厚则通过将眼光投向人类历史，对康德的这种形而上学理念发起了挑战：“所有的先验直觉、概念和准则都是‘积淀’这一持续了数百万年的主要实践的心理形式。它们超越任何个人、集体及社会经验，却无法超越作为整体的人类经验，因此，并非像康德所说的那样，‘完全不依赖于任何经验的知识’。”

借助这一历史观，李泽厚提出了一系列理论，其中最负盛名、最具独创性的就是他的“积淀”（或“文化—心理构成”）理论。他致力于为康德的先验主体性提供一个马克思式的物质基础，并以“天道即人道”的传统中国信仰加以建构。他从两个方向强调一种动态的拓展：一方面，人类人化了自然界，使之成为更适合生存的地方；另一方面，人类同时也人化了他们自己的身体和思维构成，从而拉大了他们与动物的距离。通过融合中西视角，李泽厚以“人的自然化”弥补了马克思的“自然的人化”，又以基于中华民族长期经验和实践的唯物论的“实用理性”弥补了康德的“先验理性”。而在这些经验当中，艺术扮演了一个关键的角色。

李泽厚对于美学理论的主要贡献在于将实践引入关于美的本质的研究。他认为个体有能力对自然进行审美欣赏，是因为作为集体的人类实践已经改变了自然与人的关系，将原本的对立力量转换成了为人类需求而服务的事物。因此，探讨美的本质不仅要考虑个体的感官的、心理的及文化的反应，还要注意集体创造性实践的物质和社会范畴，包括美感在时间中的发展。李泽厚对于宇宙和历史的双重强调引出一种内在的、基本的张力，他称之为“主体实践论哲学”，其中就包含积淀。他曾经解释为什么会提出这一理论：“要研究理性的东西是怎样表现在感性中，社会的东西怎样表现在个体中，历史的东西怎样表现在心理中。后来我造了‘积淀’这个词，就是指社会的、理性的、历史的东西累积沉淀成了一种个体的、感性的、直观的东西，它是通过‘自然的人化’的过程来实现的。”

在美学领域，积淀是指人类普遍化的艺术形式的历史形成。我们所选择的“形式层与原始积淀”一节，出自李泽厚最受欢迎的著作《美学四讲》。在此节中，李泽厚详细阐释了积淀的本质。这篇文章融合中西美学理论而形成一个看似简单实则日趋复杂的艺术理论，使人联想到维柯、休谟、席勒、黑格尔、皮埃尔·布迪厄和巴巴拉·哈默·史密斯等西方美学家的著作。在提出了一些关于艺术的性质、精华和条件的常见问题之后，李泽厚描述了原本为其他目的而创造的物件和活动如何发展成为艺术。

李泽厚指出古代工具展示出美的成分和模式，尤其是对称、比例、均衡及韵律。人的能量（气）通过劳动生产（制造工具）而呈现出美的形式。审美对象在被制造的过程中引起美感和审美愉快。他特别强调，这种情感既不是逻辑的，也不是哲学现象。物质载体诸如舞蹈者的动作和诗歌的诵读声之触发情感，早于批判性的认知。李泽厚认为，美和艺术的这些原始范畴不能消解艺术家们对于学习工艺和传统的需要。艺术作品不会超越社会环境和历史风格：每一种物件或作品，不论其实用功能如何随着时间而消退，也不论其具备多么纯粹的美学意味，“人世情感”总是积淀其中。它保存了物态化的、劳动的及感知的遗留，也保存了社会的历史、心理的历史以及形式。李泽厚的积淀理论明确地将劳动理论添入凝结于构成艺术传统的美学形式中的社会心理和历史，具有十分重大的意义。

李泽厚直接发问：“艺术品是什么?”通过对一些艺术形式的分析，他展示了“这些原来从属于或归属于实用功能的形式结构日渐丰满和发展，而成为独立的审美对象，实用功能日渐褪色”。当此类纯粹的艺术品终于产生，它们就会影响人们的思想。从哲学上看，它们历史性地影响了审美心理结构，使得艺术技能的发展和美学遗产的保存成为可能。李泽厚质疑艺术统一欣赏者和物质载体、主体和客体的流行观点，认为审美经验中的主要因素是审美心理形成的前构。这种审美经验通过积淀而获得一种客观的性格。他将艺术品看成“既是一定时代社会的产儿，又是这样一种人类心理结构的对应品”。在这里他背离了将艺术品看成是社会力量和社会中人际关系的反映的通常社会学观点。他通过分析古代中国历朝历代不同文学形式的出现，论证了上述历史主义和心理学的转换。这些 不同的文学形式“展示的是特定社会时代下人们心灵的物态化的同形结构”。

李泽厚详细阐述了艺术作品的三个层面：形式层、形象层和意味层。它们分别与三种积淀形式，即原始积淀、艺术积淀和生活积淀相联系。虽然关于层面和积淀的完整理论都是李泽厚本人独创的，但正如他自己所承认，这一理论实际上受到了维柯、马克思、弗洛伊德和荣格等西方思想家的启发。他在文末的分析指出，这三个层面不过是“关于‘自然的人化’（感官的人化、情欲的人化）的 理论，在艺术中加以重复展开而已”。

在我们所选入的文章中，李泽厚探讨了首要的积淀，即与形式层和自然的人化相关联的“原始积淀”。他认为，正是凭借在劳动生产过程中获得的原始积淀，人们才学会了去认识美。他进一步注意到，任何艺术品的魅力依赖于所用的材料。他运用中国 的“气”这一与人的生理及物质材料和形式结构皆相关的概念，来探讨处理材料以产生艺术魅力的一些方式。对于李泽厚来说，“艺术作品的感知形式层的存在、发展和变迁，正好是人的自然生理性能与社会历史性能直接在五官感知中的交融会合。”艺术作品的形式层与人的感官和情感的人化相应，主要包含两个方面。首先是通过创作者和欣赏者在身和心两方面的主观努力，向自然的节奏接近、吻合、并行和“同构”。李泽厚称之为“人的自然化”，表现为中国的气功、太极拳、自我修炼之类的身体和精神活动，并呈现于艺术作品。其次是向不断变迁的、反映不同时代和社会趋向的事件、物体及关系延伸的层面。这两个方面密切地关联在一起。李泽厚以中国传统文学形式的演变为例，认为“不同时代之所以有不同风格不同感知的形式的艺术，由于不同时代的心理要求，这种心理要求又是跟那个时代的社会政治生活联系在一起的”。他总结说，原始积淀、自然的人化及个体感官的社会化在艺术作品的生产与接受过程中是错综交织和相互作用的。在他的讨论中，他始终将艺术根植于身体和精神(气)。

李泽厚关于原始积淀的美学理论可招来一些质疑。这一理论虽然揭示了艺术家和时代、欣赏者和艺术品、身/心和社会的和谐一致，但对于不和谐、抵抗和争论却未给予足够的关注。虽然这一雄心勃勃的模仿美学以历史为指向，却仍有将艺术普遍化甚至将之降低为反映力量的倾向。这一理论将身体、感知、感觉和情感置于思想、逻辑和想象之前，作为前理性的事物，却没有对此说法以及它们之间的相互关联展开充分的论述。然而，通过将身体、劳动及气置于美学推论的中心，李泽厚对艺术的产生和接受进行了独一无二的、视角广阔的、具有说服力的论述。由于强调历史的变化，他避免了多数原型理论的永恒化缺陷，同时又能够坚持将艺术根植于社会心理和历史。伴随着一股强烈的民主化动力，其原始积淀理论均衡运作于人和社会躯体的微观层面。在李泽厚的分析中，工艺和伟大的作品始终都是艺术实践和艺术史领域的组成部分。

[载于 *Norton Anthology of Theory and Criticism*（New York & London：W. W. Norton & Company），2010]

海外书评：李泽厚《华夏美学》英译本书评之一

涵　泳　译

李泽厚是后毛时代最重要的中国哲学家之一。他的康德研究对当代中国哲学已经产生巨大影响，但其著作迄未引进英语世界。直到《华夏美学》的翻译，对此情况才算有所补救。Maija Bell Samei 翻译的李著《华夏美学》（北京：中外出版公司，1989），拿出了中国美学发展进程的概貌，该书所涵盖的视野，相当于李那本非常流行的《美的历程》（香港：牛津大学出版社，1994），但更富于哲学深度，也更多注重其康德阐释。

《华夏美学》的开端部分，描述石器时代大大小小的群体成千上万年的生活历程，如何造就一种独特的人类文化—心理结构。李泽厚主张，与众不同的儒家美学传统，诞生于中国新石器时代的萨满教仪式，该传统经由漫长的历史进程而得到加深和增强，而从根本上持续形成儒家传统。

汲取了诸如此类多种样的资源：Karl Marx，Clifford Geertz，Susan Langer，史前岩画，饕餮，《周礼》，《书经》，还有“美”的词源学说明；李泽厚解释“积淀”机制如何导致“自然的人化”。百万年的工具使用与公共活动参与，改变着人类的感知与情绪。为协作行动所需要的律令和范式，以逻辑和概念的形式而得到了内在化；社会凝聚力的要求，演变成为禁忌与道德。在感情强烈的萨满教仪式中得到的愉快体验，产生出人类与自然世界的统一感受，并且具有宗教迷狂和艺术经验的极乐特性——那是一种忘我的、极度欣悦的审美体验。

在中国，积淀过程的继续推进，发展成了作为儒家思想之基础的礼乐传统。该传统确立了在感性与理性、社会与个体之间保持协调的重要性，就此奠定儒家美学的基调——深情而不流于狂野的激情，因为那会危及社会纽带。《华夏美学》中间部分的每一章，具体描述一些哲人或诗人（孔子、庄子、屈原和苏轼）如何为这个传统增添情感与意义的层次，而它通常表现为寻找个人感受的新途径和富于创造力的想象，以克服儒家道德的限定。每一个新层次的延伸，都超出并吸收以往的层次，但这个传统的儒家面目仍然清晰可辨。

最后的章节，把中国现代性的开端追溯到明朝盛期对个体感性快乐的不断增长的兴趣。情色文学和浪漫爱情故事变得普及，威胁到了传统社会的稳定性。这一过程被西方文明的影响所促进，包括科学、哲学美学、资产阶级个人主义，所有这些都威胁着传统的儒家和睦。但不管怎样，长达千年的历史中，儒学传统已经证明能够克服对其主导地位的威胁，李泽厚认为儒家传统能消化西方哲学，为人类创造新的道路。在全书的后记，他这样暗示，当积淀进一步摧毁或再造儒家传统，我们都会找到感受艺术和自然的新出路，并发现人类生活的新意义。

李泽厚丝毫不在乎身为康德学者的名望，其哲学风格一点儿都不像康德。迥异于康德的抽象概念分析，李拿出了一个聚焦于重要哲人诗人著作的历史叙事，并引用诗句来推进其论题。尽管《华夏美学》实际上很少提到康德，但它仍不时使用康德主义的术语，如“本体”“超越性”和“无目的的合目的性”。这些术语制造了麻烦。（See Roger T. Ames，“New Confucians：A Native Response to Western Philosophy，”in Shiping Hua，ed.，*Chinese Political Culture*，1989—2000，East Gate Book（Armonk，NY：M. E. Sharpe，2001），pp. 70 – 99. 该文就新儒家使用“超越”概念的适当性所产生的争论作了描述。）在西方哲学中，一提到“超越性”和“本体”这些用语，立即会唤起它们的对立面——内在性和现象。何谓超越，通常由何谓非内在而定义，就根本而言是完全不属于这个世界的；本体不仅不能被人类任何感觉所察知，而且对人类的感觉和认知能力来说完全没有中介可及，并因此仅能为上帝所知。康德的术语带有西方哲学二元论的整个传统，而李的思想无疑来自儒学，并且正如很多评论家所言，包括李本人业已指出，儒学肯定是非二元论的。

当 Samei 对其译为“本体”的术语未作论述时，这个问题就愈发显得突出了。在《美学四讲》中，李泽厚把“noumenon”译为本体，说明这词来自本（根，起源）和体（茎干，身体），他将其解释为“历史人类学”，以突显他所理解的“本体”的生物学和历史学的方面。（Li Zehou and Jane Cauvel，*Four Essays on Aesthetics*：*Toward a Global View*（Lanham，MD：Lexinton Books，2006），p. 40.）但别的康德学者已经把“noumenon”译为物自身（thing naturally itself）或“thing－in－itself”。（Mou Zongsan，*Xianxiang yu wuzishen* 现象与物自身（Taipei：Xueshen，1975）．WingCheuk Chan 把此书标题译为 *Phenomenon and Thing－in－itself*（“Mou Zongsan’s Transformation of Kant’s Philosophy，” *Journal of Chinese Philosophy* 33［1］［2006］：125－139）．Nicholas Bunnin 同样如此翻译（“God’s knowledge and Ours：Kant and Mou Zongsan on intellectual intuition，” *Journal of Chinese Philosophy* 35［4］［2008］：613－624).）一种可能的假定是，李一般使用“本体”一词，但在《华夏美学》将近结尾（第 212 页）的文句，把本体解释为“thing－in－itself”，似乎暗示着在事物的表面呈现与实际所是之间，存在着超自然的二元论，“就它们自身而言”，而这本是李打算避开的。这样一个翻译问题导致了 Samei 的不同选择？或者，李从概念上混淆了其康德主义用语的含义？我倾向于猜测是前者，汉语词汇量的不足，造成了翻译无法做到清晰准确。

对于造成现象界与本体界完全相异的严格二元论，康德本人是不太满意的。《纯粹批判理性》区分了理解人类灵魂的两条出路：首先作为一个现象之物，服从于自然法则，不享有自由；其次作为本体之物，作为物自身，无须服从于自然法则，因而是自由的。（Immanuel Kant，*Immanuel Kant’s Critique of Pure Reason*，trans. Norman Kemp Smith（London：Macmillan，1958），p. 28（B xxviii））这样，灵魂就同时居于现象界与本体界。《判断力批判》宣称要为我们关于现象界与本体界的理解提供“一种观念融合”。(Immanuel Kant, *Critique of Judgment*, trans. J. H. Bernard (New York: Macmillan, 1951), p. 12.)

《判断力批判》的第一部分，康德证明美是道德的标志，因为审美判断与道德判断相似：它们都不立足于功利考虑；它们都包含协调性与普遍性的观念；并且它们都是自由的，因为它们不受制于任何客观的规则或律令。(Ibid., pp. 196-199.)《判断力批判》的最后部分坚持了这一立场，尽管我们不知道我们生活在一位智慧仁慈的上帝为我们设计的宇宙中，但是我们对于自然世界的认知能力、我们的道德和我们对于美的经验，无不让我们相信存在着“一种为自然界提供基础的超验法则，而人类全体也从属于它”。(Ibid., pp. 257.)

“为自然界提供基础的超验法则”就是本体界，在康德的哲学中，它服务于三个目的：(1) 担保“表象背后的实在”，即所谓本体或物自身；(2) 证明我们的信念——我们是自由的代理人；(3) 为我们的生活赋予意义，因为我们生活在上帝为我们设计好的世界中，而我们的道德灵魂是本体实在的一部分。

李泽厚这样阐释康德的基本设计，解答人类的独特性是什么，我们为何不同于动物，从而提出一个明确的康德主义的答案——关于“人性本体”的透彻理解。正如康德一样，李把本体解释为我们最高级的文化产物（例如科学、艺术和社会共同体）之基础和人类生活意义之源泉。但李抛弃了康德式本体的二元论和基督教色彩，以一种更具有普遍性的方式重新定义了本体，哪怕这显得更为人间化。

李泽厚用扩展康德关于人类主体性的概念，来开始他对人类本体的分析：正是先验心理结构，使得我们跟动物区别开来。康德特别强调如下方面，人类的认知能力塑造着对世界的察识和理解；而李泽厚主张，人类的独特性不仅体现于理性能力，并且也体现于感性结构。我们的认知能力让我们能够理解自然界；我们的情感在人与人之间产生联结，这对道德而言尤其必要；我们的审美经验使认知与情感得到融合。摒弃了康德对人类生活意义问题的宗教式答案，李泽厚用美学来替代神学：最高的、最有意义的生活经验，乃是这样一种审美经验，既分享宗教经验的悦乐又摒除其神秘含义。

> 什么是本体？本体是最后的实在，是一切的根源。依据以儒学为基础的华夏传统，这本体不是自然，没有人的宇宙是毫无意义的。本体也不是神，要求人拜倒在上帝面前，这不符合“参天地、赞化育”“为天地立心”的传统。因而，这本体必然只能是人自身。（第 223 页）

正如康德关于人类灵魂的概念，“人类本体”兼有现象的偶然方面与本体的先验方面。通常就人性的角度而言，人类本体产生于成千上万年的“自然的人化”过程，乃至上百万年的工具使用和人类群体生活。从个体的角度而言，这本体是一种为我们拥有任何人类经验所必需的社会—认知—情感的结构，因而是先验存在的。（Li Zehou，“Subjectivity and ‘Subjectality’：A Response,” *Philosophy East and West* 49（2）（1999）：175.）另外，人类自然、人类本体，又产生于文化传统的积淀和不同个体的实践。（Li Zehou，“The philosophy of Kant and a Theory of Subjectivity,” *Analecta Husserliana* 51（1986）：142.）包括诗歌、绘画、哲学以及生活体验，一批批哲人诗人的这些实践是如何奠定华夏美学的，《华夏美学》对此提供了细致入微而丰富详尽的清单。

李泽厚的展望给人启发、让人鼓舞，如果“世界哲学”终有可能实现，很大程度上将归功于孔夫子与康德。至少《华夏美学》提供了一个富有吸引力的解释，为何中国哲学与文化是“审美的”而不是科学的和逻辑的。无论就其提出的问题、作出的回答，还是敞开的可能性来说，这都是一部精彩的著作（a wonderful book）。

（载于 Philosophy East & West Volume 62，Number 1 January 2012，Maija Bell Samei 译）

海外书评：李泽厚《华夏美学》英译本书评之二

涵　泳　译

李泽厚的《华夏美学》出了英译本，当是一件令人深感欣喜的事。这本重要的、迅即产生影响的书，1989 年出版于中国，即使为此后的社会变化所掩盖，但李泽厚对于他所谓“以儒学为主的中国传统美学”（p. vii）的研究，在很大程度上代表了自冯友兰 20 世纪中叶的成果之后，在美学方面最主要的现代著述。冯的新儒学设想，把中国美学解释为对于观念世界的反唯物主义的冥想；与之相反，通过康德式的马克思主义，李泽厚注重以儒学为主的美学，视之为情感参与物质世界的一种层积历史模式。因而他把美学安置于世界之内而不是超乎世界之上。李很幸运有这样一位译者，Maija Bell Samei 对于李的复杂理念的流畅传译，极好地疏通了文本，连我这样的非专业人士也读得很顺畅。这样的成绩真是令人赞叹，而夏威夷大学出版社选择此书出版，也理应受到赞扬。

李泽厚从周朝开始论述，并演示出礼乐如何相互支撑，一方面礼仪在社会秩序中实现等级制度，与此同时，乐（包括诗）从混沌的人类情感中生产出和睦融洽。现实世界的这些相关性，产生了这样一种社会性的形式，它内在地被欲望/快乐（情感）和社会化/现实性（政治秩序）之间的张力所驱动。李泽厚关于这些随着时间推移的“交织”（第 29 页）的辩证分析，产生“情感形式（艺术）与伦理教育（政治）”之间的矛盾（第 37 页）。这种矛盾，冲破了正在加强的相互依存，为儒家美学传统留下了可供遵循的长期遗产（也正因此，李概括称之为中国的“文化心理”[第37页])。第二章继续历史讲述，并开始论述仁，亦即人性，将其视作儒学的核心概念。对李来说，仁作为一种社会实践，在概念上就包含美学，因为它促成了把周代礼乐的外在性加以内在化。这种内在化“变成了自觉的人性与人文情感的适当目标”（第44页）并产生一种被称为圣贤的“主体人格”类型。这不是一种个人主义者的观念（不是英雄也不是上帝也不是骑士），这种人格类型是儒学人文主义的核心：李认定一种“精神认知和一种生活自由，人类智慧和善良行为赖以得到积淀和更新，成为一种心理本体……”（第52页）

在这一点上，李泽厚开始阐述其历史美学的关键概念，“积淀”，我把它理解为在社会性的世界中当下进行的层次累积。通过积淀，儒家美学环绕着生成变化的流程，而不是以存在为核心，其焦点迥异于任何涉及这一主题的西方视点——例如黑格尔、柏格森、海德格尔——他们把存在的超越性作为哲学美学的目标。对李泽厚来说，时间作为人类世界经验的一种富有成效的度而涌现，而不是来自思辨的信仰或神圣的承诺。这种时间感被编入中国艺术观念和形式，人的因素充满其中，这里没有存在的位置。

接下来的章节，探讨“儒道互补”“美在深情”（魏晋思想）、“形上追求”（禅宗），最后是“走向近代”。李泽厚关注的是展现出连续性的思想基调，正是它促成了以儒学为本的美学得以具体化，并从未把关注焦点从人际伦理移开过。儒学显示出无尽的灵活性，即使它仍旧依附于一个特殊形态的伦理社会。

通过屈原的自杀选择，李泽厚首先证明，深情为何成为本体经验（本体——“物自身”——这是康德主义的用法）的一个统一视野。以此，死亡的主题被引入迄今为止仍立基于生命生存的美学哲学。接下来，李泽厚表明为什么佛教关注形而上学——特别是关于“心境与物境”（第160页）的讨论——最终丰富了儒学美学传统。带着对儒学的有力挑战，佛教把意义问题纳入议程。禁欲主义在中国通常受到排弃（这与日本不一样），禅宗“融入了来自于生命（道家）和人性（儒家）的积极意图”（第183页）。最后，在明朝，“欲望”的爆发成为审美的常谈，物质享乐主义和哲学沉思改变了一切。从发展的观点来看，美学理论家——包括王国维和蔡元培——日益注重这两者之间的联系：一方面是欲望，另一方面是以儒学为主的“超道德的美学”精神（第 212 页）。李以如下希望为全书作结：通过对以儒学为主的华夏美学传统的温故“而得知人生的意味”。（第 224 页）

阅读这本优美的著作，读者无疑会重新唤醒对于人性的感觉；至于这感觉是否独特地植根于中国人的心理，那就是另一个问题了。

（载于 The China Quarterly，204，December 2010，Maija Bell Samei 译）